12

Ludwig Meier

Der Himmel auf Erden

LUDWIG MEIER

DER HIMMEL AUF ERDEN

Die Welt der Planetarien

Mit 147 Bildern

Johann Ambrosius Barth
Leipzig · Heidelberg 1992

Anschrift des Autors:

Dr. rer. nat. Ludwig Meier
Tatzendpromenade 32
O–6900 Jena
Bundesrepublik Deutschland

Gestaltung: Rolf Kunze
Printed in Germany

ISBN 3-335-00279-2

Inhaltsverzeichnis

Vorwort

Ein Planetarium ist weltweit zu einem festen Begriff in Kultur und Bildung geworden. Meist verbinden wir damit Vorstellungen von einem Kuppelsaal, einem Projektionsgerät und einem künstlichen Sternhimmel. Heutige Ausrüstungen reichen im allgemeinen weit darüber hinaus. Auch der Einsatz der Planetarien umspannt ein breites Spektrum, das von wissenschaftlichen Untersuchungen, beispielsweise zum Vogelzug, über das Training der Astronauten, über unterhaltsame astronomische Darbietungen und Rezitationen bis hin zu Musik- und Showdarbietungen reicht.

Eine solche Einrichtung ist weder plötzlich entstanden noch hat sie eine endgültige fertige Gestalt angenommen. Sie unterliegt vielmehr einer ständigen Entwicklung. Anfänge dazu lassen sich bis in eine Zeit vor über zweitausend Jahren zurückverfolgen. Die intensive Beschäftigung mit dem Sternhimmel beschränkte sich von jeher nicht auf Beobachtung und Messung, sie weckte auch den Wunsch zur eigenen Nachgestaltung, zur Schaffung von Anschauungsmaterial für Demonstrationen. Jede neu gewonnene Erkenntnis vom Aufbau des Weltalls fand fast immer auch seinen Ausdruck in modellhaften Nachbildungen. Wunderwerke der Technik und wertvolle Kunstgegenstände sind daraus hervorgegangen.

In der Gegenwart ist die Entwicklung außerordentlich raschen Veränderungen unterworfen. Sie ist wesentlich beeinflußt von den technischen Umwälzungen. Neuartige Wirkprinzipien wie Laser oder Computer fanden unmittelbar Anwendung im Planetarium und formten Aufbau und Funktion der Geräte. Ereignisse der Raumfahrt, tiefgreifende Erkenntnisse zum Aufbau des Universums sowie neuartige Bedürfnisse in Bildung und Unterhaltung haben die Entwicklung des Planetariums geprägt.

Es ist das Anliegen dieses Buches, Informationen zum Entwicklungsgang einer so bedeutungsvoll gewordenen Gerätetechnik von seinen frühesten Anfängen an bis zum vielgerühmten „Wunder der Technik", seine gegenwärtigen Wandlungen und Vervollkommnungen mit den Tendenzen für die Zukunft, seine Bedeutung für Kultur und Bildung, ohne den vorliegenden Umfang zu sprengen, so umfassend wie möglich zusammenzutragen. Dem Leser soll gleichzeitig ein Eindruck vermittelt werden, mit welchem aufopferungsvollen Einsatz um technische Lösungen gerungen wurde, um weite Kreise der Bevölkerung mit den faszinierenden astronomischen Erkenntnissen und Entdekkungen in anschaulicher und lebendiger Form vertraut zu machen. Es soll deutlich werden, daß die Nachbildung von Himmelserscheinungen bei allen zeitlichen, örtlichen und technischen Unterschieden stets getragen war und ist vom tiefen aufrichtigen Bestreben, die Wunder des Sternhimmels dem Menschen nahezubringen, ein kindhaftes Staunen über die Erhabenheit des Universums zu bewahren – das Weltall auf Erden erlebbar zu machen.

Jena, im Juli 1991 Ludwig Meier

1

Himmelsmaschinen aus zwei Jahrtausenden

Das von Sendtner in München für das Deutsche Museum 1911 gefertigte geozentrische Planetarium

Die ältesten Planetarien der Welt

⊙ Die Sphäre des Archimedes

⊙ Im Jahre 212 v. Chr. eroberte der Römer Marcus Claudius Marcellus die berühmte Stadt Syrakus auf Sizilien. Archimedes (287 bis 212), der bedeutendste Mathematiker und Physiker der Antike, kam bei der Verteidigung seiner Heimatstadt ums Leben. Unter der reichen Kriegsbeute der Römer befanden sich auch zwei sehr bedeutende, von Archimedes selbst gefertigte astronomische Instrumente. Das eine war ein Sternglobus von kompakter, massiver Form, der im Tempel der Vesta aufgestellt war. Das zweite Gerät, oft auch einfach als Sphäre bezeichnet, diente zur Demonstration der Bewegungen von Sonne, Mond und Planeten. Diesen Gegenstand in der Kriegsbeute fand der Römer Marcellus so wertvoll, daß er ihn zu seinem eigenen Gebrauch in sein Haus nahm. Generationen später noch wurde die Maschine voller Stolz Besuchern vorgeführt. Leider ist weder etwas vom Gerät selbst, noch eine Beschreibung aus Archimedes' eigener Hand erhalten. Wir sind deshalb auf historische Berichte angewiesen, von denen mehrere existieren.

Cicero, der wahrscheinlich noch Augenzeuge einer Demonstration war, bringt in seinem Werk „De Republica" (um 60 v. Chr.) seine große Bewunderung über die „Bronze-Erfindung" zum Ausdruck. Ovid, der im ersten Jahrhundert lebte, rühmt es in seinen Versen (Fasti VI: 277). Und noch im vierten Jahrhundert erläutert Lactantius die astronomischen Funktionen (Institutiones Divinae II: 5, 18).

Den sparsam enthaltenen technischen Details zufolge muß es sich bei dieser Himmelsmaschine um ein offenes, kugelförmiges Gebilde in der Art eines Gitterwerkes aus Bronze gehandelt haben. Abgeleitet von einem gemeinsamen Antrieb waren die Bewegungen von Sonne, Mond und wahrscheinlich auch der Planeten in den „exakten Geschwindigkeitsverhältnissen" (Cicero) veranschaulicht, ihre Position gegenüber dem Sternhimmel ablesbar, sowie Sonnen- und Mondfinsternisse vorführbar.

Lactantius schreibt: „Beim Drehen des Modells zeigte es sowohl die tägliche Bewegung als auch das jährliche Zurückbleiben der Sonne, den zunehmenden und abneh-

Bild 1.1
Das Schalenmodell nach der Lehre des Eudoxus diente wahrscheinlich als Vorbild für den Aufbau der Sphäre des Archimedes.

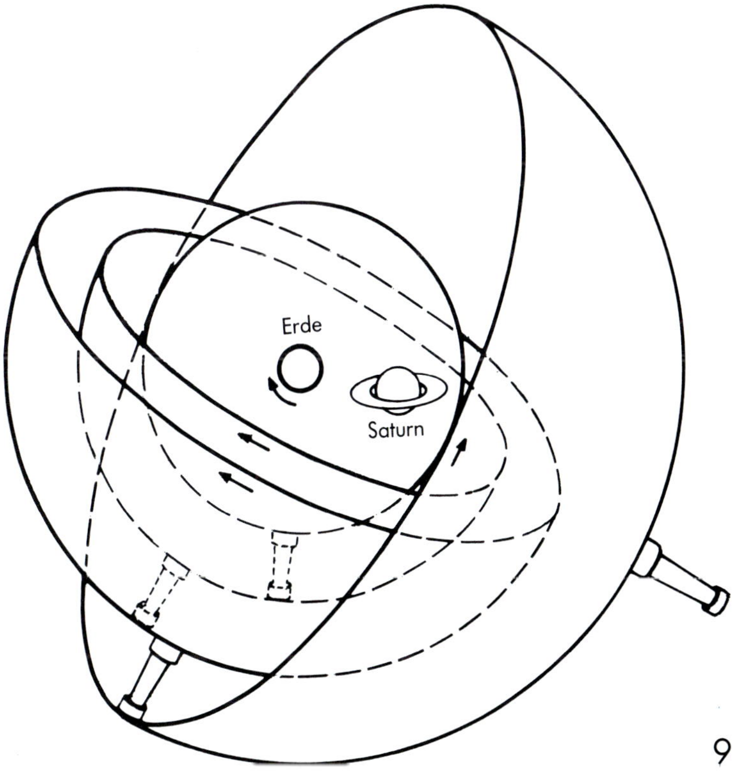

Bild 1.2
Vom Meeresgrund geborgene Fragmente der Antikythera-Maschine, Archäologisches Museum Athen

menden Mond und die unterschiedliche Bewegung der Fixsterne und Planeten." Pappus aus Alexandria verweist auf die Bewegung der Sterne „vermittels zirkulierender Bewegungen von Wasser". Danach können wir uns den Antrieb in der Form einer Wassermühle oder als einen durch konstant fließendes Wasser gesteuerten Gewichtsantrieb vorstellen, von denen Archimedes ausreichende Kenntnisse besaß.

Offensichtlich lag dem Modell das damals anerkannte geozentrische Weltbild zugrunde. Das bestätigt Ovid, der von einem „Gerüst" spricht, „das die Himmel darstellte und die Erde im Zentrum hatte". Der Gebrauch des Wortes „Himmel" in der Mehrzahl kann als weiterer Hinweis für die Geräteausführung verstanden werden, denn es spiegelt die offiziell gültige Ansicht vom Aufbau der Welt in Form ineinandergeschachtelter Kugeln entsprechend der herrschenden Lehre des Eudoxus (408 bis 355) und Aristoteles (384 bis 322) wider. Danach ist die Welt um die im Zentrum ruhende Erde aus durchsichtigen Kristallschalen aufgebaut, die sich um diamantene Achsen drehen. Die äußerste Schale trägt die Fixsterne, sie dreht sich einmal in 24 Stunden und reißt dabei die inneren Schalen mit sich fort. Zwischen Erde und Fixsternsphäre liegen der Reihe nach Gruppen rotierender Schalen für Mond, Merkur, Venus, Sonne, Mars, Jupiter und Saturn. Für jeden einzelnen dieser Körper gibt es zur Erklärung von Bewegungsungleichförmigkeiten mehrere rindenartig ineinanderliegende Sphären, die sich mit verschiedener, aber konstanter Geschwindigkeit bewegen und deren Achsen unterschiedliche Neigungen besitzen. Die Drehung wird von außen nach innen übertragen. Auf der innersten Kugel ist dann jeweils der Planet befestigt. Bei Eudoxus war dieser Aufbau mehr ein Gedankenmodell, während es Aristoteles zu einem real möglichen System von Kristallschalen weiterentwickelte.

Möglicherweise war die Sphäre des Archimedes nach dem Vorbild des Schalenmodells aufgebaut. Es ist dabei ungewiß, welche Gestalt die Aristotelischen Kristallsphären annahmen (Ovid: Gerüst, Cicero: bronzene Gebilde) und wie weit Archimedes die Nachbildung des herrschenden Lehrmodells getrieben hat. Selbst wenn keine Ungleichförmigkeiten in den Bewegungen berücksich-

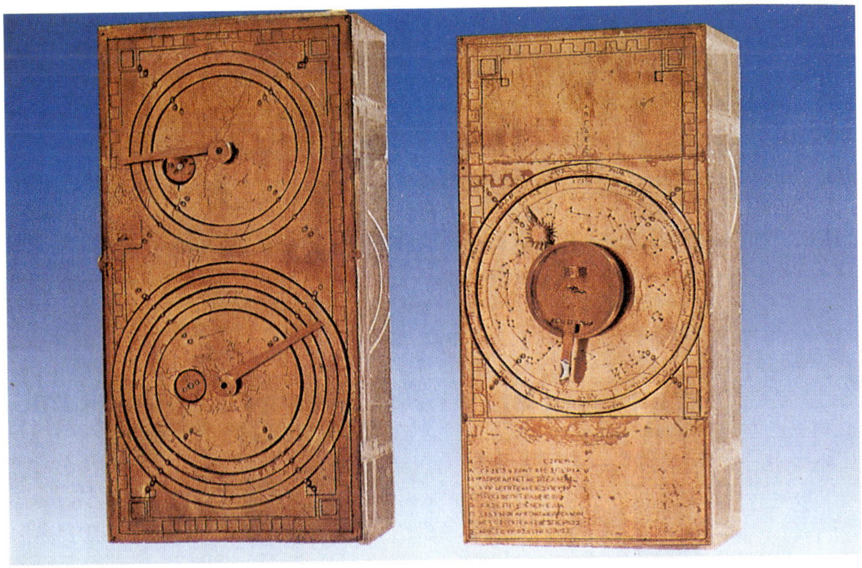

Bild 1.3
Der Versuch einer Rekonstruktion der Antikythera-Maschine

tigt waren, ist allein schon die Realisierung von mittleren siderischen Perioden im richtigen Verhältnis (Cicero) eine beachtliche Leistung für die damalige Zeit gewesen.

Unbekannt sind ebenfalls Aufbau und Genauigkeit der verwendeten Getriebe. Selbstverständlich konnte die Darstellung höchstens so genau sein, wie es das als Vorbild dienende Weltbild zuließ. Gesichert scheint aber, daß es sich bei dieser Maschine erstmals um eine komplexe Nachbildung für die Bewegung der Himmelskörper gehandelt hat.

Es gab auch vorher bereits Abbilder des Sternhimmels in der Form von Sternkarten und Himmelsgloben. Auch die früheren Weltmodelle sind offensichtlich nicht nur Gedankengebilde geblieben. Archimedes schreibt von der Benutzung „grafischer Darstellungen" bei den Astronomen vor seiner Zeit. Wenn auch hier erste Versuche modellhafter Darstellung der jeweiligen Ansicht vom Aufbau der Welt existieren, so stellt doch die Maschine des Archimedes als Mechanismus zur Vergegenständlichung der Bewegung von Himmelskörpern und ihre Positionserfassung für bestimmte Zeitpunkte etwas qualitativ Neuartiges dar, das deshalb mit Recht als das früheste Planetarium bezeichnet werden kann.

Wahrscheinlich hat es auch Nachahmungen des Archimedischen Planetariums bei den Griechen gegeben. Beispielsweise berichtet Cicero von einer ähnlichen Maschine des Posidonius, einem seiner Zeitgenossen. Ein besonderes Zeugnis dafür stellen die Funde vor der Insel Antikythera dar.

◐ Die Antikythera-Fragmente – eine Himmelsmaschine vom Meeresgrund

◐ An der Küste der Insel Antikythera in der Meerenge zwischen der südgriechischen Halbinsel Peleponnesos und der Insel Kreta stießen im Jahre 1900 griechische Schwammfischer in 60 Meter Tiefe auf den Rumpf eines Schiffes. Unter den Überresten und Scherben von Marmor- und Bronzestatuen, Geschirr, Glaswaren und Amphoren befanden sich insbesondere drei verkalkte Brocken von korrodierter Bronze. Die Überraschung war äußerst groß, als sich diese nach sorgfältiger Reinigung und ersten wissenschaftlichen Untersuchungen als Teile einer wertvollen, komplizierten astronomischen Kalendermaschine entpuppten, die den entzifferten Daten nach aus dem Jahre 87 v. Chr. stammte.

Über eine Zeit von 70 Jahren haben Wissenschaftler verschiedener Nationalitäten in mühevoller Kleinarbeit gravierte Teilkreise, Zahnräder und andere Getriebegruppen freilegen bzw. nachweisen können, bis schließlich eine Durchstrahlung mit Röntgen- und Gammastrahlen sogar vielgliedrige innere Strukturen sichtbar gemacht und eine Rekonstruktion des zentralen Mechanismusteiles ermöglicht hat.

Die Untersuchungen enthüllten schließlich eine Maschine, mit der man die Bewegung der Himmelskörper in unterschiedlicher Geschwindigkeit simulieren bzw. die Gestirnpositionen für einen ausgewählten Zeitpunkt ablesen konnte. Und das geschah an sorgfältig gravierten Ringen und Tellern. Den einen davon können wir uns in der Form eines Zifferblattes vorstellen. Die Stellen der zwölf Ziffern nehmen dabei die zwölf Tierkreisbilder, also der Teil des Sternhimmels ein, vor dem sich Sonne und Mond bewegen. Die Funktion des langsamen kleinen Zeigers übernahm die nachgebildete Sonne und die des großen Zeigers der entsprechend schnellere Mond. Zusätzlich zum Tierkreisgürtel befand sich außen noch ein drehbarer Teilkreis, graviert mit Monatsnamen und Kalendertagen für die Auswahl eines gewünschten Tages.

Der Antrieb, also der Ablauf der Zeit, geschah mit Hilfe einer Handkurbel. Mit fünf Kurbelumdrehungen vollendete die Sonne einen Umlauf durch den Tierkreis. Das ermöglichte eine Zeitraffung für den Ablauf eines Jahres im Bereich von etwa fünf Sekunden bis zu einigen Minuten. An anderer Stelle waren die Mondphasen dargestellt sowie die Zeiten für Mondauf- und Monduntergang ablesbar. Eine weitere Getriebekette lieferte das damals häufig benutzte Mondjahr mit 354 Tagen (zwölf synodische Mondumläufe). Auf einer anderen Scheibe waren die Auf- und Untergangszeiten heller Sterne für das gesamte Jahr ablesbar. Es gibt darüber hinaus Andeutungen für Informationen zu den Planetenpositionen.

Erstaunlich ist dabei das verwendete komplizierte Getriebe und die damit erreichte Genauigkeit. Beispielsweise blieb für die mittlere Periode des Mondumlaufes gegenüber der Natur nur eine Abweichung von 17 Bogensekunden in einem Monat. Ebenso genau geschah die Darstellung der Mondphasen.

Diese sehr gute Annäherung gelang durch den Aufbau des Getriebes für die Mondbewegung nach dem Vorbild des Metonschen Zyklus: Die frühen Kalendermacher standen immer wieder vor dem Problem, daß keine ganze Anzahl des sehr auffälligen Mondphasenwechsels in die Dauer eines Jahres paßt. Zwölf synodische Umläufe ergeben 354, aber nicht 365 Tage. Der Mondkalender verschiebt sich ständig gegen die Jahreszeiten. Es fiel jedoch auf, daß jeweils nach 19 Jahren wieder Ordnung in das Durcheinander kam. 19 Jahre entsprechen gerade sowohl 235 vollen synodischen Umläufen als auch der ganzen Anzahl von 254 siderischen Monaten:

19 tropische Jahre zu 365,2422 Tagen
ergeben 6939,60 Tage
254 siderische Monate zu 27,32166 Tagen
ergeben 6939,70 Tage
235 synodische Monate zu 29,53059 Tagen
ergeben 6939,68 Tage.

Die Anzahl der Zähne in den Radpaarungen der Kalendermaschine stellten das Abbild der Zahlenverhältnisse im Metonschen Zyklus dar. Nach 19 Umdrehungen des Sonnenrades vollendete das Mondrad 254 Umläufe. Entsprechend war für die Mondphasendarstellung die Übersetzung von 19 zu 235 gewählt worden. Hier liegt der Grund für die hohe Präzision des Mechanismus.

Das Getriebe ist wahrscheinlich in einem Holzgehäuse mit den Ausmaßen 320 mm × 170 mm × 80 mm montiert gewesen.

Von der Armille des Ptolemäus bis zum Getriebe-Astrolab des Al-Biruni

⊙ Sowohl die Sphäre des Archimedes als auch die Antikythera-Maschine sind offensichtlich mit dem ausdrücklichen Ziel der Demonstration von Vorgängen am Sternhimmel und der Gewinnung von Kalenderinformationen gebaut worden. Sie weisen dabei wesentliche Merkmale eines Planetariums auf:

– die Demonstration der Bewegung von Himmelskörpern;

– die Einstellbarkeit und Ablesemöglichkeit ihrer Positionen für einen bestimmten Zeitpunkt auch in Vergangenheit und Zukunft;

– die Darstellung des kontinuierlichen Laufes mit unterschiedlich starker Raffung der Zeit.

Daneben gibt es eine umfangreiche Gruppe von Geräten, deren ursprünglicher Zweck die Messung gewesen ist. Das sind die Armillarsphären, Astrolabien und Äquatorien. Sie waren für die Bestimmung der Tageszeit und zur Ermittlung von Gestirnspositionen entwickelt worden. In ihrem Aufbau stellen sie ebenfalls Abbilder der Himmelskugel und ihrer Bewegungsvorgänge dar. Deshalb dienten sie neben der Messung, besonders im Laufe ihrer späteren Entwicklung, auch der Demonstration und Lehre. Sie wurden Beobachtungsinstrument, Analogrechner und Lehrmittel zugleich. Wesentlich trug dazu ihre Ausrüstung mit Getrieben für die Darstellung der Bewegung von Himmelskörpern bei. Das macht sie ebenfalls zu Vorläufern von Planetarien.

Die Armillarsphären und Astrolabien haben eine rund zweitausendjährige Geschichte. Einfachste Varianten sind bereits einige Jahrhunderte v. Chr. zur Bestimmung von Gestirnpositionen verwendet worden. Hipparch (wahrscheinlich 190 bis 125) verbesserte sie durch Hinzufügen einer Visiereinrichtung. Die ebenen Astrolabien erfuhren eine wesentliche Entwicklung in der islamischen Welt. Hier entstanden auch die ersten mit Getrieben ausgerüsteten Geräte. Einfache, leichte Ausführungen finden wir in der Form der nautischen Astrolabien beispielsweise bei Kolumbus und Vasco da Gama zum Messen der Mittagshöhe der Sonne. Noch um 1600 bestimmte Tycho Brahe mit speziellen Ausführungen Planetenpositionen.

⊙ Messung und Demonstration

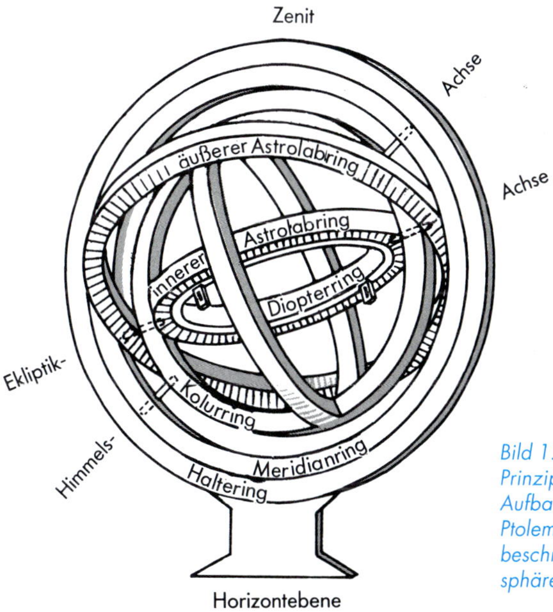

Bild 1.4 Prinzipskizze für den Aufbau der von Ptolemäus im Almagest beschriebenen Armillarsphäre

Später produzierte Geräte dienten fast ausschließlich der Lehre. Zahlreich sind die Ausführungsvarianten vom einfachsten Meßgerät bis zu prunkvoll verzierten Kunstgegenständen, von kleinen transportablen Handgeräten bis zur 15 Tonnen schweren Bronze-Armillarsphäre des Su Sung. Einen Eindruck soll die Betrachtung einiger charakteristischer Beispiele vermitteln.

⊙ Die Armillarsphäre

Bild 1.5
Am Planetarium Orange in Frankreich hergestelltes Modell einer Armillarsphäre

⊙ Die Armillarsphäre ist so benannt, weil sie aus einem Satz von „armillae", d. h. Ringen, besteht. Und zwar ist es ein System konzentrischer Kreisringe, die in ihrer Anordnung und Drehbarkeit den Hauptgroßkreisen an der Himmelskugel entsprechen. Bei dem von Ptolemäus (87 bis 165) in seinem „Almagest" beschriebenen Instrument liegt der äußerste feste, auf einem Pfeiler montierte Ring in Nord-Süd-Richtung. Er simuliert den durch Südpunkt, Zenit und Nordpunkt verlaufenden Meridian. Innerhalb des Meridians ist ein um die Polachse drehbarer Ring angeordnet, und von hier aus folgt ein weiteres System von Ringen, das auf die scheinbare Sonnenbahn, d. h. auf das ekliptikale Koordinatensystem, ausgerichtet wird. Der innerste davon trägt eine Visiereinrichtung. Das sind zwei gegenüberliegende, wie Kimme und Korn wirkende Öffnungen, mit denen ein Gestirn angepeilt wird. An eingravierten Gradteilungen auf den Ringen können nach Eichung an Objekten bekannter Position unmittelbar, ohne jegliche Berechnung, ekliptikale Koordinaten anvisierter Himmelskörper abgelesen werden.

Die Armillarsphäre kennt zwei unabhängige Entwicklungsrichtungen, die islamische und die chinesische. Bei der letzteren werden statt auf die scheinbare Sonnenbahn auf den Himmelsäquator bezogene Positionen gemessen, und sie verwenden statt „Kimme und Korn" ein Visierrohr. Die bedeutendste chinesische ist die mit Wasser über ein Schaufelrad angetriebene, 15 Tonnen schwere Armille im Uhrturm des Su Sung in Khaifaeng, der sich von 1092 bis 1126 in Betrieb befand.

In Europa wurde die Armillarsphäre als Lehr- und Demonstrationsinstrument die Standardausrüstung von Astronomen und Lehrern im 14. bis 17. Jahrhundert. Trotz der verschiedenartigsten Ausführungen blieb der funktionelle Aufbau stets derselbe: Ein festes äußeres Horizontalsystem mit Horizont, Meridian und Ersten Vertikalen umschließt ein bewegliches äquatoriales Gitterwerk mit Äquator, Wende- und Zirkumpolarkreisen und einem Tierkreis. Im Zentrum steht die verschieden gestaltete Erdkugel.

Neben Demonstrationszwecken diente die Armillarsphäre auch als mechanischer Analogrechner zur Umrechnung der Sternpositionen in den unterschiedlichen Koordinatensystemen. Sie wurde schließlich mehr und mehr zu einem Kunstgegenstand.

Neben der Armillarsphäre hatte ein weiteres Gerät eine große Bedeutung erlangt, dessen Ursprung bereits im hellenistischen Griechenland liegt, dessen eigentliche Entwicklung aber erst durch die Araber in der islamischen Welt vorangetrieben wurde. Es ist das ebene Astrolab oder Planisphärium.

Der Funktion nach ist es praktisch eine Umkehrung der heute gebräuchlichen drehbaren Sternkarte. Diese enthält den Sternhimmel in stereographischer Projektion mit dem Himmelspol im Zentrum und einer Datumskale am Rand. Darüber befindet sich, um den Himmelspol drehbar angeordnet, eine durchsichtige Schablone mit ortsfesten Linien wie Horizont, Meridian und außen einer Stundenskale. Bringt man eine bestimmte Uhrzeit mit einem bestimmten Datum zur Deckung, dann ist für diesen Zeitpunkt der Stand des Sternhimmels dargestellt.

Beim ebenen Astrolab sind im Prinzip diese beiden Teile, die Grund- und Deckplatte, vertauscht. Ein ganzes Netz von ortsfesten Linien (Horizont, Meridian, Kreise gleicher Höhe, gleichen Azimuts, gleichen Stundenwinkels, Äquator, Wendekreise, Zirkumpolarkreis) sind in einer Grundplatte, dem sogenannten Teller, eingraviert. Darüber befindet sich drehbar angeordnet ein offenes Gitterwerk aus dünnen Metallstegen, das „Spinnennetz", das ausgewählte Objekte des Sternhimmels darstellt. Das sind im allgemeinen der Tierkreis und mehrere „Dorne", pfeil- oder flammenartige Gebilde, die die Orte heller Sterne markieren.

Meist auf der Rückseite, ebenfalls um die zentrale Achse drehbar angeordnet, befindet sich ein Lineal, die „Alhidade", mit einer wie Kimme und Korn arbeitenden Visiereinrichtung sowie einer Gradeinteilung am Rand. Damit peilt man ein helles Objekt an, liest seine Höhe an der Teilung ab und stellt auf der Vorderseite die gemessene Höhe am betreffenden Gestirn ein. Auf diese Weise sind jetzt die Tageszeit und zusätzlich natürlich die Stellung des Sternhimmels ablesbar. Diese einfache Ausführung fand regen Gebrauch bei den Arabern zur Bestimmung der Gebetszeiten.

Das ebene Astrolab

Eine qualitativ neue und für die mechanisierte Nachbildung der Bewegung von Himmelskörpern bedeutsame Stufe stellt eine Entwicklung dar, die wir erstmals um die Jahrtausendwende antreffen. Es ist die Ausrüstung ebener Astrolabien mit Getrieben. Die früheste Beschreibung eines solchen Instrumentes stammt von Al-Biruni. Bei Betätigung eines Handrades laufen auf der Rückseite, wie die Zeiger auf der Uhr, die Sonne und den Mond darstellende Symbole im richtigen Verhältnis entlang einem Tierkreis. Zu-

Bild 1.6 Ebenes Astrolab von Erasmus Habermel aus dem Jahre 1588, Deutsches Museum München

Bild 1.7
In seine Einzelteile zerlegtes arabisches Astrolab aus dem Jahre 1086, Hessischen Landesmuseum Kassel
links unten: Grundkörper (Mater) mit den Himmelskreisen in stereographischer Projektion
oben: sechs Einlegescheiben mit 12 weiteren Projektionen für verschiedene geographische Breiten
rechts unten: drehbares Netz (Rete) zur Markierung von Örtern heller Fixsterne
links: die auf der Rückseite angebrachte Visiereinrichtung (Alhidade)

sätzlich werden die Phasen des Mondes und das Mondalter angezeigt. Es ist also sowohl Meß- als auch Demonstrationsgerät.

Von den Arabern gelangten diese Kenntnisse, wie auch größtenteils das astronomische Gedankengut des Altertums, nach Mitteleuropa. Ein Weg führte über Toledo, einem bedeutenden Zentrum für Wissenschaft, Kultur und Handel. Leider haben keine hellenistischen Astrolabien überlebt. Die frühesten noch erhaltenen sind islamischen Ursprungs aus dem späten neunten Jahrhundert.

Bild 1.8
Blick auf die Stadt Toledo

⊙ Äquatorien

⊙ Ein weiterer wesentlicher Zweig in der Entwicklung des ebenen Astrolabs führt zum sogenannten Äquatorium. Bei ihm werden zusätzlich zu den Angaben für Sonne und Mond über spezielle Getriebe auch noch die Positionen der Planeten am Sternhimmel angezeigt. Das früheste Gerät ist eine sehr einfache Ausführung aus dem Jahre 1025, das Ibn al Samh zugeschrieben wird. Die ausgereifteren Modelle stammen aus späterer Zeit.

Im allgemeinen stellt das Instrument auf der Vorderseite ein ebenes Astrolab im üblichen Aufbau dar, während auf der Rückseite zusätzlich der Lauf der Planeten nachgebildet wird. Dazu dienen bereits beachtliche, aufwendige Getriebe. Und genau so, wie die Sphäre des Archimedes das damalige Weltbild von Eudoxus und Aristoteles widerspiegelte, liegt den Planetenbewegungen in den Äquatorien die Epizyklentheorie entsprechend der in dieser Zeit herrschenden Lehre des Ptolemäus zugrunde.

Danach befindet sich der Planet auf der Peripherie einer sich gleichförmig drehenden kleinen Kreisscheibe (Epizykel), deren Mittelpunkt sich ebenfalls gleichförmig auf einem großen Kreis (Deferent) um seinen Mittelpunkt bewegt, in dessen Nähe, also etwas exzentrisch, die Erde steht. Unter bestimmten Annahmen über die Radien der beiden Kreise und über die Geschwindigkeiten lassen sich Schleifenbahnen erzeugen, die der Planetenbewegung nahekommen.

Insbesondere ließen sich damit die Zeitpunkte im Wechsel zwischen Recht- und Rückläufigkeit der Planeten mit beachtlicher Genauigkeit annähern. Oftmals wurde ein solcher Epizyklenmechanismus auch zur Simulation der Ungleichförmigkeiten in den Bewegungen von Sonne und Mond benutzt, während weniger aufwendige Modelle sich auch mit der einfachen exzentrischen Rotation einer Kreisscheibe in Nachahmung der Ansicht von Hipparch begnügten. Der Abt Engelhard aus dem Benediktinerkloster zu Reichenbach soll 1435 auch ovale Getrieberäder zur Erfassung der Ungleichförmigkeiten in den Bewegungen von Mond und Merkur verwendet haben.

Die Äquatorien stellen damit beachtliche frühe mechanische Nachahmungen für die Bewegung der Himmelskörper dar. Der Antrieb erfolgte meist über eine kleine Kurbel oder ein Handrad. Der Mechanismus besaß damit auch die besonders hervorzuhebende Eigenschaft der unterschiedlichen Zeitraffung.

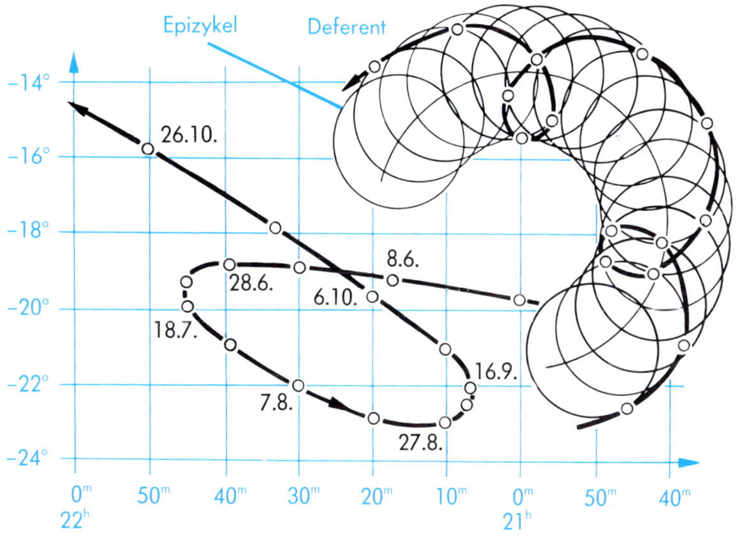

Bild 1.9
Die Epizyklentheorie war die anerkannte Lehre zur Erklärung der Planetenbewegung von Ptolemäus bis ins Mittelalter. Sie bildete die Grundlage für viele Mechanismen aus dieser Zeit.

Verständlicherweise wurden diese Geräte neben der Demonstration astronomischer Prinzipien auch oft für astrologische Zwekke, also zum Erstellen von Horoskopen, benutzt.

Vom getriebenen Astrolab und vom Äquatorium ist es nicht mehr weit bis zu den astronomischen Uhren. Denn der nächste Schritt sind fest installierte Geräte, bei denen das Handrad durch einen regulierten Wasser- oder Gewichtsantrieb ersetzt ist und damit der zeitliche Ablauf nicht mehr frei wählbar, sondern dem der Natur angepaßt ist. Erste Ansätze dazu finden sich beispielsweise in dem originellen Exemplar von Isaac ibn Sid, bei dem tropfendes Quecksilber zur Regulierung des Laufes in einem fest aufgestellten ebenen Astrolab verwendet wird oder bei dem in der Moschee der Qarawiyin Universität in der marokkanischen Stadt Fez im 14. Jahrhundert aufgebauten Gerät mit Wasserantrieb.

Das Astrarium von Dondi und die astronomischen Uhren

Bild 1.10
Planetenlaufuhr, hergestellt vom Mechaniker Eberhard Baldewein in Zusammenarbeit mit dem Goldschmied Hermann Diepel, vollendet 1561, Höhe 90 cm, Hessisches Landesmuseum Kassel

⊙ Die Himmelsmaschine zu Padua

⊙ Im Jahre 1364 erregte in Padua eine Maschine mit einem Automatenwerk großes Aufsehen, weil man an ihr ständig, ohne jede Messung oder besondere Einstellung, die so allgemein interessierenden Angaben wie Tageszeit, Datum, Festtage, Sonnenauf- und Sonnenuntergang, Stand des Mondes mit seinen Phasen, ja sogar die Stellung der Planeten am Sternhimmel neben anderen astronomischen Informationen unmittelbar ablesen konnte. Giovanni de'Dondi (1318 bis 1389) hatte dieses Meisterwerk in 16jähriger Bauzeit geschaffen. Es war eine der ersten Schauuhren, die wegen der vielen astronomischen Funktionen auch „Astrarium" genannt wurde.

Es handelt sich dabei um ein Uhrwerk-Äquatorium mit Astrolab und Kalenderanzeigen, überwiegend aus Messing gefertigt, mit einer Höhe von etwa 1,60 m und von siebeneckiger Gestalt. Entsprechend dieser Form gibt es im oberen Teil sieben Anzeigeplatten, und zwar an der Frontseite ein bewegliches Astrolab und an den übrigen sechs Seiten der Reihe nach Demonstrationen der Bewegungen für Venus, Merkur, Mond, Saturn, Jupiter und Mars. Im unteren offenen Teil befindet sich das Uhrwerk mit Gewichtszug und mechanischer Hemmvorrichtung zur Regulierung des Ganges sowie nach der Frontseite hin, also direkt unter dem Astrolab, das 24-Stunden-Zifferblatt und ein Kalendarium. Auf der Uhr gibt es keinen Zeiger. Das Zifferblatt rotiert gegen einen festen Index.

Das Astrolab demonstriert die tägliche Bewegung des Sternhimmels und die ungleichförmige jährliche Bewegung der Sonne im Tierkreis. Das Kalendarium gibt die Auf- und Untergangszeiten der Sonne für Padua und liefert über einen genialen Mechanismus sogar Angaben zu den beweglichen kirchlichen Feiertagen. Die Darstellungen für Mond und Planeten sind ausgeklügelte Mechanismen entsprechend der Epizyklentheorie des Ptolemäus. Mit beachtlich hoher Genauigkeit sind ihre Positionen am Sternhimmel ablesbar. Für Mond und Merkur, bei denen die größten Unregelmäßigkeiten auftreten, benutzte Dondi sogar ovale Räder. Das ist um so erstaunlicher, als er alle Teile, insbesondere die 107 Zahnräder, von Hand zurechtfeilen mußte.

Nach einer Schenkung der Maschine an den Schloßherrn von Pavia soll sie Leonardo da Vinci noch 1490 in der Schloßbibliothek gesehen haben. Ihr weiteres Schicksal ist ungewiß. Glücklicherweise ist aber eine komplette Beschreibung mit Zeichnungen in Padua erhalten geblieben. Nach diesen Angaben sind unter der Leitung des Engländers Alan Lloyd (1895 bis 1969) insgesamt sechs Exemplare in Messing nachgebaut worden. Damit ist die Leistung von Dondi in Museen von Washington, Mailand, New York, Rockford, Zürich und London erneut zu bewundern.

◐ Große astronomische Schauuhren

◐ Mit dem Aufblühen der Städte in der Zeit der Renaissance wuchs auch der Bedarf an öffentlichen Zeitanzeigen. Das führte zur Entwicklung der großen astronomischen Schauuhren an Kathedralen und Rathäusern, deren Bau im 15. und 16. Jahrhundert sehr verbreitet war.

Diese astronomischen Schauuhren lassen meist eine Dreiteilung in ihrem Aufbau erkennen: ein Kalendarium, im allgemeinen unten, das astronomische Zifferblatt in der Mitte und ein Automatenwerk mit Figuren und Spielwerken in der obersten Etage.

Bild 1.11
Astronomische Uhr am Rathaus in Prag

Bei dem für astronomische Aussagen wesentlichen mittleren Teil treffen wir zwei verschiedene Grundprinzipien in der Ausführung an. Die erste Art, die auch die italienische genannt wird, zeichnet sich durch konzentrisch ineinandergeschachtelte Kreisringe aus. Die Werte sind hier entweder durch unterschiedliche, vom Zentrum ausgehende Zeiger oder durch die Position der Ringe gegenüber einer festen zentralen Scheibe ablesbar. Berühmte Beispiele dafür sind die Uhren am Markusplatz in Venedig (1499, 4,5 m Außendurchmesser), am Torazzo-Turm in Cremona (1583, 9 m Durchmesser), am Rathausturm von Macerate (1569), an der Marienkirche zu Danzig (1470), im Chorraum der Marienkirche von Rostock (erbaut 1472, vervollkommnet 1643) sowie an den Kathedralen in Metz (der erste und später zweimal ersetzte Mechanismus von 1391), in Wales (wahrscheinlich eine der frühesten) und nicht zuletzt die von Jean Schwilgué neu gefertigte astronomische Uhr in der Strasbourger Kathedrale.

Die zweite Variante ist ein rotierendes Astrolab. Bekannt dafür sind beispielsweise

Bild 1.12
Zifferblatt mit zweimal 12-Stundenteilung, Tierkreis, Sonnen- und Mondzeiger sowie die Darstellung der Mondphasen auf der astronomischen Uhr in der Marienkirche zu Rostock, Aufnahme: E. Fischer

die Uhren am Rathaus in Prag (erste Uhr von 1410), in der Kathedrale von Strasbourg (die erste 1354 mit Nordpolprojektion und die zweite 1574 mit Südpolprojektion), in den Kathedralen Münster (1540) und Lyon (1598) oder am Glockenturm in Bern (1534).

Die auf diesen Schauuhren angezeigten astronomischen Informationen, die natürlich in Anzahl und Ausführung von Exemplar zu Exemplar stark variieren, sind im Prinzip die folgenden:

– Die Stundenanzeige (mittlere Sonnenzeit), meist mit nur einem Stundenzeiger auf einem Zifferblatt von 24, zweimal 12 bzw. später einmal 12 Stunden;
– der Stand der Sonne, oft mit Auf- und Untergangszeiten für den Aufstellungsort;
– Beginn und Ende der bürgerlichen Dämmerung, die sich besonders einfach auf der Astrolabvariante darstellen lassen;
– die Stellung des Sternhimmels bzw. seine tägliche Rotation und damit verbunden die Sternzeit;
– die Stellungen von Sonne und Mond im Tierkreis;
– Demonstration der Mondphasen, wobei als Neuerung gegenüber der ebenen Mondphasenplatte die rotierende, halb hell und halb dunkel gestaltete Vollkugel auftritt (die früheste Ausführung ist wahrscheinlich die von 1423 in der Kathedrale St. Peter in Exeter in England);
– das Mondalter;
– die Lage der Mondknoten im Tierkreis und damit verbunden die Aussagen zu den Finsternissen (z. B. Cremona in Italien, Rathaus Tübingen);
– Anzeige der Gezeiten (z. B. an der Londoner Brücke auf der astronomischen Uhr des Hampton Court Palastes).
– Die Angabe von Planetenpositionen ist selten, und auch dann sind es meist nur grobe Näherungsdarstellungen etwa in der Art mittlerer gleichförmiger Bewegungen (z. B. zweite Strasbourger Uhr oder frühe Ausführungen in Osnabrück, Olomouc und Lübeck).
– Die meist ringförmigen Kalendarien beinhalten das Datum, die Namen der Tagesheiligen und oft Angaben für die beweglichen kirchlichen Festtage (goldene Zahl, Sonntagsbuchstabe, Epact). Gebräuchlich sind auch astrologische Daten, wie z. B. der Name des für die jeweilige Tagesstunde „herrschenden Planeten".

Zur Darstellung der Ungleichförmigkeiten in der Sonnen- und Mondbewegung werden mehr oder weniger aufwendige Epizykleneinrichtungen verwendet. Selbstverständlich sind entsprechende Getriebeketten nötig, um vom Jahreslauf der Sonne zum Tageslauf des Sternhimmels oder zum siderischen und synodischen Mondumlauf zu gelangen. Erstaunlich sind die dabei oftmals erreichten Genauigkeiten. Beim Getriebe des Sternglobus in der zweiten Strasbourger Uhr ergibt sich eine Abweichung von nur zwei Sekunden im Jahr.

Vielseitig und kurios sind die Automatenwerke. Beliebte Motive sind die zwölf Apostel (Rathaus Prag, Marienkirche Rostock), die Heiligen Drei Könige, die sich vor Maria mit dem Kind verneigen (Strasbourg 1354), die vier, den Tod umkreisenden Lebensalter Kind, Jüngling, Mann, Greis (zweite Strasbourger Uhr, Museum Falkenstein), der Umlauf von Reitern (Wells-Kathedrale, England), der Umgang von Kurfürsten um den Kaiser (Nürnberger Frauenkirche) oder die Verneigung von Menschen aus aller Welt und allen Ständen vor Christus an der neuen Uhr in Lübeck. Ein originelles und populäres Beispiel ist der Hahn auf der Strasbourger Uhr, der beim dreimaligen Krähen mit den Flügeln schlägt, dabei die Federn spreizt, den Kopf hebt, den Schwanz senkt und den Schnabel öffnet. Das ursprüngliche Exemplar, ein hölzerner Vogel, präsentierte sich in dieser Weise über 200 Jahre lang täglich um die Mittagszeit, bis der Einschlag eines Blitzes dem Spiel ein Ende bereitete. Heute ist er im Museum zu bewundern.

Unterstützt wurden diese Spektakel durch akustische Spielwerke, die zur vollen Stunde und später auch zu jeder Viertelstunde in Gang gesetzt wurden.

Die Zifferblätter nach der italienischen Art waren natürlich für die Bevölkerung verständlicher, weil hier, genauso wie beim Zeiger auf der Uhr, Positionen auf Teilkreisen abgelesen werden konnten, während die Erfassung der Anzeigen auf einem Astrolab schon astronomische Kenntnisse voraussetzte. Trotzdem gibt es überraschend viele Ausführungen in der Astrolabform. Tradition und Faszination spielen hier sicher eine Rolle neben astronomischen Vorteilen.

In einigen Exemplaren findet sich auch eine Kombination beider Varianten. Beispiele einer solchen hybriden Form sind die Uhren an den Kathedralen Augsburg (1594 bis 1609) oder Bourges und Chartres (1407).

Bild 1.13
Getriebe zur Darstellung von Ungleichförmigkeiten im Lauf von Sonne und Mond an der astronomischen Uhr im Strasbourger Münster, gebaut von Jean Schwilgué, 1842, Aufnahme: J.-P. Rieb

◐ Astronomische Tisch- und Bodenuhren

◐ Es ist nur allzu verständlich, daß diese großen astronomischen Uhren bald ihre Abbilder in einer Vielfalt kleiner Tisch- und Bodenstanduhren fanden, in denen praktisch die gleichen astronomischen Darstellungsprinzipien zur Anwendung kamen. Neben Nürnberg war Augsburg ein Zentrum für den Bau astronomischer Uhren. Die Vielfalt der Ausführungen ist fast unerschöpflich (Säulen- und Sockeluhren, Trommel-, Monstranz-, Teller-, Türmchenuhren). Die verschiedensten Materialien finden Verwendung (Messing, Eisen, Holz, Emaille, Halbedelsteine, Edelmetallüberzüge; sogar eine Bergkristalluhr wurde von Bürgi um 1625 gebaut). Feuervergoldete, reich verzierte Exemplare waren ein beliebtes Geschenk zwischen Herrscherhäusern. Technische Neuerungen gaben der Entwicklung neue Impulse (Erfindung des Federaufzuges im 15. Jahrhundert, Erfindung des Uhrpendels durch Galilei und Huygens, die Ankerhemmungen von Clemont und Graham).

☉ Planetenuhren

☉ Die großen Schauuhren und auch ihre kleinen Abbilder enthalten in den seltensten Fällen Angaben zu den Planeten. Es gibt aber astronomische Uhren, deren eigentliches Ziel gerade eine möglichst genaue Anzeige der Planetenpositionen ist. Sie werden deshalb auch als Planetenuhren bezeichnet. Dazu gehört bereits als ein frühes Beispiel das Astrarium von Dondi.

Die bekanntesten Exemplare dieser Art sind drei Uhren, die Eberhard Baldewein (1525 bis 1593), unterstützt von den Uhrmachern Hans Bucher und Christoffel Müller, hergestellt hat. Sie haben eine quadratische Grundfläche, und jede der vier Seitenflächen enthält übereinander angeordnet zwei kreisförmige astronomische Zifferblätter, und zwar in folgender Anordnung: Die Vorderseite enthält das Astrolab und Anzeigen für Mars, die linke Seite für Saturn und Jupiter, die rechte für Venus und Merkur und die Rückseite für den Mond. Über dem Zifferblatt des Mondes erscheinen ausführliche Angaben zum Kalender, insbesondere zu den beweglichen Feiertagen. Als Abschluß befindet sich oben ein halb ins Gehäuse eingesenkter und damit Tag und Nacht demonstrierender, vergoldeter Messingsternglobus mit Figuren und Sternen bis zur fünften Größenklasse. Die Darstellung der ekliptikalen Planetenpositionen geschieht auf der Grundlage der Epizyklentheorie.

◐ Globusuhren und Uhrwerkarmillarsphären

Bild 1.14
Ausschnitt aus der Baldeweinschen Planetenuhr in Kassel (Bild 1.10), Zifferblatt zur Anzeige der Marspositionen

◐ Diese Gruppe von Geräten ist praktisch die Kombination astronomischer Uhren mit angetriebenen Armillarsphären bzw. Himmelsgloben. Dementsprechend gibt es zwei verschiedene Ausführungsarten. Bei der einen rotiert eine mehr oder weniger kompliziert ausgeführte Armillarsphäre um einen Erdglobus im Inneren. Bei der zweiten Art dreht sich ein Himmelsglobus innerhalb eines festen Horizont-Meridian-Sytems. Dabei gibt es Darstellungen für Sonne und Mond, Getriebemechanismen mit Zifferblättern für Sonnen-, und Sternzeit, Kalenderangaben, sowie Stunden- und Viertelstundenschlag.

Die in der Mitte des 16. Jahrhunderts verbreitete Herstellung von Globusuhren findet einen Höhepunkt in den Werken von Jost Bürgi (1552 bis 1632) in Kassel und von Georg Roll (1546 bis 1592) und Johann Reinhold (1550 bis 1596) in Augsburg. Mehrere dieser Exemplare sind heute noch erhalten, z. B. von Bürgi in Kassel, Dresden und Zürich und von den Augsburger Meistern in Wien, London, Dresden, Paris und Neapel. Es sind prachtvolle Ausführungen, der Globus meist vergoldet, das tragende Gestell oft mit Arabesken verziert.

Ein Beispiel für die Uhrwerkarmillarsphäre ist das aus dem Jahre 1687 von Johannes Möller aus Gotha stammende Gerät. Das Zifferblatt befindet sich am Nordpol. „Ein Antrieb mit Zahnrädern ... dreht die Armillarsphäre um ihre Polachse und Sonne und Mond auf ihren gezähnten Ringen innerhalb der Ekliptik" (Zinner).

Bild 1.15
Globusuhr, hergestellt von Jost Bürgi, um 1590, Höhe 42 cm, Mathematisch-Physikalischer Salon Dresden

Die Vergegenständlichung der Kopernikanischen Lehre

Bild 1.16
Nikolaus Kopernikus, Gedenktafel, hergestellt 1973 zur Eröffnung des Planetariums in Olsztyn/Polen anläßlich der Feierlichkeiten zum 500. Geburtstag

⊙ Die Begründung des heliozentrischen Weltbildes

⊙ Wenn im Laufe der Menschheitsgeschichte neue Erkenntnisse zum Aufbau der Welt unmittelbar ihre Widerspiegelung in modellhaften Nachbildungen fanden, dann gilt das in besonderem Maße für die revolutionierende Lehre des Kopernikus. Nachdem über Jahrhunderte hin das Ptolemäische Weltbild mit der zentralen Erde als unumstößlich akzeptiert worden war, bedeutete die Hypothese von der ruhenden Sonne und der bewegten Erde eine tiefgreifende Umwälzung im Denken der Menschen. Es erklärten und begründeten

Kopernikus, *daß* sich die Erde bewegt,
Kepler, *wie* sie sich bewegt und
Newton, *warum* sie sich bewegt.

Aufgrund der Beobachtung von der sich bewegenden Erde aus beschrieb Kopernikus die beobachtete Bewegung der Himmelskörper als scheinbare. Mit der Herleitung der unterschiedlichen Geschwindigkeiten der Planeten aus der wechselnden Entfernung von der Sonne war die durch die Griechen postulierte gleichförmige Kreisbewegung als die allein in der Welt existierende überwunden. Schließlich zeigte das Gravitationsgesetz von Newton, daß die überall auf der Erde beobachtete Schwerkraft auch die Grundlage für die kosmischen Bewegungen ist.

Für die über Jahrtausende hinweg an die zentrale Stellung der Erde im Weltall gewohnte Menschheit war die Erklärung der scheinbaren Bewegung aus der wirklichen schwer vorstellbar. Es wäre einfacher, die Erde tatsächlich um die Sonne laufen zu sehen. Da die Natur diesen Anblick nicht unmittelbar ermöglicht, fiel diese belehrende Aufgabe dem mechanischen Modell zu. Jede neue Erkenntnis, wie die von der Ellipsengestalt der Planetenbahnen durch Kepler, die Entdeckung der Jupitermonde durch Galilei oder die Deutung des Saturnringes durch Huygens, fand sofort Berücksichtigung in den Himmelsmaschinen. Entsprechend lassen sich verschiedene Etappen bei den Geräteausführungen unterscheiden, in denen sich die jeweiligen Entdeckungen widerspiegeln.

☉ Die Aufgabe der Tellurien bestand darin, die beiden wichtigsten Kopernikanischen Erkenntnisse, nämlich die Rotation der Erde um ihre Achse sowie ihre Bewegung im Laufe eines Jahres um die Sonne zu demonstrieren. Diese Geräteentwicklung nahm ihren Anfang nach 1600 hauptsächlich in den Niederlanden. Einer der bedeutendsten Vertreter für die Fertigung solcher Instrumente war Willem Janszoon Blaeu in Amsterdam (1571 bis 1638).

Die ersten Tellurien können wir uns in folgender Form vorstellen: Auf einem Unterbau, der mehr oder weniger aufwendige Getriebeteile enthält, dreht sich eine horizontal liegende kreisförmige Scheibe. Auf der zentralen Achse der Scheibe ruht eine meist auffallend klein ausgeführte Kugel als Sonne, während am Scheibenrand eine im Vergleich dazu sehr große Erdkugel um ihre Achse rotiert, wobei sie gleichzeitig mit der Scheibe um die Sonne herumgeführt wird. Dabei wurde besonderer Wert auf die naturgetreue Nachbildung der Neigung der Erdachse gegen die Bahnebene und ihrer konstanten Ausrichtung zum Himmelspol für die Erklärung der Jahreszeiten gelegt.

☉ Tellurien

*Bild 1.17
Eines der frühesten Kopernikanischen Tellurien, fertiggestellt um 1634 von Willem Janszoon Blaeu in Holland, Ekliptikring 69 cm Durchmesser, Hessisches Landesmuseum Kassel*

Anfangs war die Erde noch von einer Armillarsphäre, also einem System nachgebildeter Himmelskreise, umgeben. Sie wurde später, offensichtlich der klareren Darstellung wegen, weggelassen. Verschiedentlich wurde auch die rotierende Scheibe durch einen einzelnen Arm ersetzt, der die Erdkugel trug, entlang dessen aber auch die Bewegung für die Erde übertragen werden mußte. Die Betätigung einer Handkurbel oder eines Federaufzugwerkes setzte die Einrichtung in Gang.

Natürlich variieren die einzelnen Ausführungen. Einige besitzen noch Teilkreise zum Ablesen des Standes der Sonne in der Ekliptik (Geräte von Blaeu), bei anderen dreht sich zusätzlich eine kleine Mondkugel entlang dem Tierkreis der Armillarsphäre (Gerät des Mechanikers Siebenhaar von Schleswig für Johan von Gottorp, 1651). Eine Be-

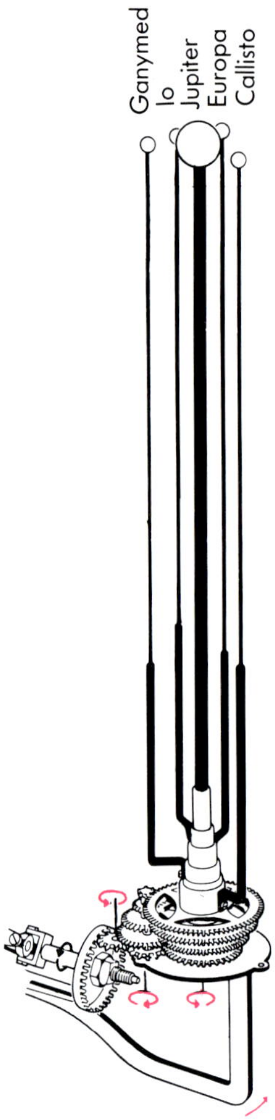

Bild 1.18
Mechanismus für die Bewegung der vier großen Jupitermonde in der Leidener Sphäre, dem ältesten Kopernikanischen Planetarium in den Niederlanden, erstellt von Steven Tracy in Rotterdam um 1670 bis 1700

Bild 1.19
Planetarium von James Ferguson, London, Durchmesser 63 cm, Uhrwerkantrieb, Adler Planetarium Chicago

sonderheit stellt die Realisierung der Sonnenkugel als Lampe zur besseren Erklärung des Wechsels von Tag und Nacht dar (Exemplar von Rowley in England). Der Unterbau weist verschiedenste Formen auf. Im Falle des Modelles von Siebenhaar hat er die Gestalt einer reich verzierten Vase.

Einige Exemplare von Blaeuschen Tellurien existieren noch heute, beispielsweise in Wolfenbüttel und Amsterdam. Leider ist eines dieser seltenen Geräte, das sich im Stadtmuseum Bautzen befand, im Zweiten Weltkrieg stark beschädigt worden. Gegenwärtig versuchen die Mitarbeiter des dortigen Planetariums, aus den aufgefundenen Teilen das Instrument zu restaurieren.

⊙ Die Kopernikanischen Sphären

⊙ Der nächste Schritt bestand natürlich darin, neben der Erde auch die übrigen Planeten in ihrer Bewegung um die Sonne darzustellen. Und hier hatte sich sehr bald eine Art der Ausführung herausgebildet und durchgesetzt, die außer den Planeten auch noch das Himmelsgewölbe in der Form einer Kugel mit Sternbildfiguren oder in der Gestalt von Ringen, ähnlich einer Armillarsphäre, um die Planetenbahnen herum demonstrierte, in die das Sonnensystem eingebettet lag.

Ein künstlerisch wertvolles, frühes Exemplar aus dem Jahre 1653 stammt von Andreas Busch aus Limburg. Feingearbeitete Sternbildfiguren aus Messingblech zieren die große Kugel. Durch die Lücken blickt man ins Innere auf das Sonnensystem. Anstelle der Planeten bewegen sich silberne Engel um die Sonnenkugel. Die Erde ist relativ groß dargestellt und von einer Armillarsphäre umgeben. Ein weiteres bekanntes Beispiel einer schön gestalteten Ausführung mit geprägten Tierkreisfiguren und einer beachtenswerten Mechanisierung ist die „Leidener Sphäre" aus der Zeit um 1700.

Die Darstellung von Linien mit rein geozentrischer Bedeutung wie Äquator und Meridian oder sogar die Realisierung der typisch erdgebundenen Präzessionsbewegung, z. B. in der Sphäre von Busch, in der Himmelskugel um ein heliozentrisches Planetensystem herum ist im Grunde widersprüchlich und irreführend. Bei den frühen Modellen mag es ein Ausdruck des Festhaltens an alten Gewohnheiten gewesen sein. Trotzdem erhielt sich diese Art der Darstellung über eine lange Zeit, ja sie wurde sogar sehr populär noch im 18. und 19. Jahrhundert.

◐ Lunarien

◐ Zusätzlich zu den Planeten erfaßten die Darstellungen als nächstes auch deren Monde. Diese Geräte werden entsprechend als Lunarien bezeichnet. Es gibt sie als eigenständige Apparate und auch als Teile in Planetendarstellungen. Die Entdeckung der vier großen Jupitermonde durch Galilei führte bald zur Nachbildung des Jupitersystems im Modell. Ole Rømer (1644 bis 1710) baute bereits 1677 ein solches Jovilabium. Je mehr Einzelheiten über die Bewegung unseres Erdmondes bekannt wurden, umso komplizierter gestalteten sich die Modelle zu deren Demonstration. Sehr umfangreich ist der Lunarienanteil im amerikanischen Planetarium von David Rittenhouse (1732 bis 1796) in Philadelphia, bei dem neben der Darstellung fast aller bekannten Ungleichförmigkeiten in der Mondbewegung sogar der Ablauf von Sonnenfinsternissen auf der Erdkugel über eine Visiereinrichtung verfolgt werden konnte.

Die Steuerung erfolgte meist über einen ineinandergesteckten Satz koaxialer Tuben, der um einen zentralen Stift am Ort des Planeten angeordnet war. Von jedem Tubus ging ein Arm aus, der auf einem Stift die jeweilige Mondkugel trug.

⊙

Die als Planetarien bekannten mechanischen Modelle

Bild 1.20
Planetarium von David Hahn (Tellurium, Planetarium, astronomische Uhr, Himmelskugel), fertiggestellt 1780 für Herzog Ernst II. in Gotha, Schloßmuseum Gotha. In seinen Funktionen ähnelt das Gerät der Weltmaschine von Philipp Matthäus Hahn, dem Bruder von David.

⊙ Sehr umfangreich ist die Gruppe der eigentlich als Planetarien bezeichneten Geräte, deren wesentlichstes Ziel in der Demonstration der Planetenbewegung um die Sonne bestand. Diesem Zweck entsprechend ist auch nur in Ausnahmefällen die Rotation der Erde oder auch der Sonne um ihre Achse realisiert. Dagegen findet später immer häufiger auch die Darstellung der gesamten Satellitensysteme zusätzlich zu den Planeten Berücksichtigung.

In verschiedener Hinsicht bemerkenswert sind die frühen Beispiele von Ole Rømer und Christian Huygens (1629 bis1695). Rømer hatte das erste Gerät 1677 in Paris fertiggestellt. Die Bahnen der sechs Planeten von Merkur bis Saturn um die Sonne waren als Rinnen in einer senkrecht stehenden Tafel ausgebildet, in denen sich die Planeten bewegten.

Diese Einrichtung hatte eine solche öffentliche Anerkennung gefunden, daß ähnliche Geräte von den französischen Botschaften in China und Persien als Geschenke verwendet wurden. Unerwartet war die Reaktion des Schahs von Persien. Dazu wird folgendes berichtet: Der Schah zeigte kein großes Interesse, weder für die Neuigkeit der Sache noch für seinen Kunstwert. Vielmehr fragte er, ob das Gerät aus purem Gold sei. Nachdem auch seine Astrologen dem Werk keinen großen praktischen Nutzen zuschrieben, hatte er es in eine alte Festung stellen lassen, in der es nach und nach verfiel.

Die Ausführung von Huygens stützt sich auf das Vorbild von Rømer, aber es besitzt einige wesentliche Weiterentwicklungen. Die Planeten sind kleine Halbkugeln auf Stiften, die in den Rillen geführt werden. Sehr bemerkenswert sind die von ihm verwendeten Getriebe. Die Realisierung der Planetenumlaufzeiten im Verhältnis zur Umlaufzeit der Erde nach der Kettenbruchmethode verkörpert bereits ein so hohes technisches Niveau, daß man noch 240 Jahre später bei der Entwicklung der ersten Projektionsplanetarien darauf zurückgreifen konnte. Ebenso ausgezeichnet waren die Näherungen an die ungleichförmige Bewegung entsprechend dem zweiten Keplerschen Gesetz.

Sehr viele Varianten solcher mechanischen Kopernikanischen Modelle entstanden besonders in Deutschland, in den Niederlanden, in England und Amerika, hauptsächlich in den Werkstätten von Uhrmachern. Häufig sind es spinnenförmige Gebilde, in denen dünne Stäbe von einer zentralen Welle nach außen ragen und auf deren äußerem Ende die Planeten in Form kleiner Kugeln auf Stiften sitzen. In anderen Geräten sind die Planetenbahnen ineinandergeschachtelte Kreisringe. Die meisten berücksichtigen eine exzentrische Lage der Bahnen um die Sonne, einige sogar ihre geringen unterschiedlichen Neigungen gegen die Ekliptikebene.

1753 beendete Johann Georg Nesstfell (1694 bis 1762) die Anfertigung einer zwei Meter hohen, mit einer gläsernen Abdekkung versehenen Maschine für den kaiserlichen Hof in Wien. Neben der Darstellung der sechs Planeten von Merkur bis Saturn, einschließlich ihrer Monde, verdient ein Tellurium an der Frontseite mit einer zusätzlichen Merkurbahn insofern besondere Beachtung, weil hier bereits, ähnlich wie 170 Jahre später in den Projektionsplanetarien, während der Bewegung eine ständige Verbindung von der Erde zum Merkur für die Erklärung seiner geozentrischen Bewegung aus der heliozentrischen sorgte.

Zu den bedeutendsten Geräten, die astronomische Bewegungen nachbilden, gehören die Weltmaschine des schwäbischen Pfarrers Philipp Matthäus Hahn (1739 bis 1790) und das Planetarium des sogenannten „Vaters der amerikanischen Astronomie" David Rittenhouse.

Die Weltmaschine entstand in 19jähriger Bauzeit, wobei sie erst ein Jahr nach dem Tode von Hahn durch seine beiden Brüder vollendet wurde. Sie bestand aus vier Teilen:

Ein pyramidenartiger Mittelteil enthielt drei Zifferblätter für Stunden, Minuten, Sekunden, Wochentags- und Monatsnamen, Sternzeichen sowie wichtigen Begebenheiten der Weltgeschichte. Rechts davon befand sich ein Kopernikanisches Planetarium mit den Planeten bis einschließlich Uranus und deren Monden. Sogar der Saturnring existierte und wurde stets in seiner richtigen Lage im Raum gehalten.

Normalerweise erfolgte der Antrieb vom eingebauten Uhrwerk aus, also synchron zur Natur. Die Verbindung zur Uhr konnte aber auch gelöst werden. Mit Hilfe einer Handkurbel ließ sich dann der Mechanismus auf ein bestimmtes Demonstrationsdatum einstellen.

Bild 1.21
Erstes Handplanetarium, gefertigt 1632 von Wilhelm Schickard und rekonstruiert von L. v. Mackensen, größte Höhe 24 cm, Hessisches Landesmuseum Kassel

Im linken Teil waren die Bewegungen des Erdmondes, sowie der Jupiter- und Saturnmonde demonstriert. Bemerkenswert ist auch die getrennt davor stehende Himmelskugel als vierter Teil der Weltmaschine. Auf einem reich mit Sternbildfiguren verzierten Globus konnte der Betrachter den Lauf von Sonne, Mond und Planeten verfolgen, wobei diese Himmelskörper durch viertelkreisförmige, von den Ekliptikpolen ausgehende Arme bewegt wurden.

Leider hat dieses Kunstwerk im Germanischen Museum in Nürnberg den Zweiten Weltkrieg nicht unbeschädigt überstanden. Aber glücklicherweise wird wenigstens ein in Teilen ähnliches, vom Bruder David Hahn gebautes und 1780 an den Herzog Ernst von Gotha geliefertes Modell noch heute im Gothaer Schloßmuseum aufbewahrt.

Über das amerikanische Gerät des David Rittenhouse schrieb am 27. 8. 1774 der spätere Präsident John Adams: „Hier sehen wir eine äußerst schöne Maschine – ein Orrery oder Planetarium, gebaut von Rittenhouse in Philadelphia. Sie stellt fast jede Bewegung in der astronomischen Welt dar, die Bewegung der Sonne und aller Planeten mit all' den Satelliten, die Finsternisse von Sonne und Mond".

Nach mehrfachen Beschädigungen und

Bild 1.22
Erstes englisches Orrery, hergestellt von G. Graham zwischen 1704 und 1709, ausgerüstet mit Uhrwerkantrieb, obere Messingplatte 23,3 cm Durchmesser, Adler Planetarium Chicago

Bild 1.23
Der friesische Wollkämmer Eise Eisinga schuf in der Zeit von 1774 bis 1781 dieses mechanisierte Planetarium im Wohnzimmer seines Hauses in Franeker/Holland.

immerwährenden Restaurierungen war das Gerät anschließend an die Demonstration zur Weltausstellung 1893 in Chicago verlorengegangen. Reste davon hatte man 1948 in abgestellten Kisten wiedergefunden. Ergänzt mit neuen Teilen steht es seitdem in der Bibliothek der Princeton University.

⊙ Das Orrery

⊙ In England hatte John Rowley (etwa 1665 bis 1728) ein Planetarium nach dem Vorbild eines Gerätes von Graham mit der Demonstration der täglichen Drehung, der Jahreszeiten, der Mondphasen und Finsternisse für den Earl of Orrery gebaut. Seitdem werden im englischen Sprachgebiet die verschiedenartigsten mechanischen Planetarien mit diesem Namen belegt. Die Tradition reicht sogar so weit, daß heute noch ein Projektor, der die Sonne und die um sie kreisenden Planeten als Lichtpunkte an einer Kuppel sichtbar macht, auch als Orrery bezeichnet wird.

◐ Das Planetarium an der Wohnzimmerdecke

◐ Eine sehr interessante, fast kuriose Variante schuf in siebenjähriger Arbeit der westfriesische Wollkämmer Eise Eisinga (1744 bis 1828) in Franeker. Er hat ein Wohnzimmer seines Hauses in ein Planetarium verwandelt. Von einer eingezogenen Zwischendecke hängen an Metallstäben die Sonnenkugel und kleinere, auf der sonnenzugewandten Seite vergoldete Planetenkugeln einschließlich ihrer Satellitensysteme herab. Die Stäbe bewegen sich in Schlitzen an der Zwischendecke, die die Planetenbahnen darstellen. Umgeben sind die Bahnen noch von den Tierkreisbildern und einer Datumskale von rund 3,5 m Durchmesser.

Es handelt sich hier um ein Kopernikanisches Modell, in dem ein Millimeter einer Million Kilometer in der Natur entspricht. Als Getrieberäder benutzte Eisinga die bei den Wollkämmern üblichen Eichenholzscheiben mit eingeschlagenen Eisenstiften als Zähne.

Das seit 1859 von der Stadt verwaltete Planetarium ist noch heute in Betrieb und erfreut sich großer Beliebtheit bei den Touristen.

Große begehbare Himmelsgloben

⊙ Der Globus als Abbild der Himmelsvollkugel

⊙ Einen wesentlichen Schritt in der Entwicklung des astronomischen Weltbildes bedeutete die Erkenntnis, daß das über der Erde gewölbte Himmelszelt auch noch ein entsprechendes unsichtbares Gegenstück unter ihr hat, die beide zusammengehören und ein Ganzes bilden, mit anderen Worten, daß das Himmelsgewölbe nicht nur eine Halbkugel, sondern eine Vollkugel darstellt. Nach einigen Ansätzen bei den Babyloniern wird diese Erkenntnis bei den Griechen Anaximander (611 bis 546) und Thales (624 bis 547) zugeschrieben.

Bild 1.24 Heraldischer Himmelsglobus von Erhard Weigel, 1699, etwa 30 cm Durchmesser. Der Blick durch die Öffnung zeigt die als Löcher in die Kugel gebohrten Sterne. Aufnahme: R. Schielicke

Um diesem neuen Gedanken auch genügend Anschaulichkeit zu verleihen, wurde die Himmelsvollkugel im Modell nachgebildet. So entstand aus dieser Erkenntnis der Himmelsglobus, eine Kugel also, auf der die Sterne und Sterngruppen entsprechend ihrer gegenseitigen Lage am Himmel aufgetragen waren. Der erste historisch erwähnte Sternglobus in Gestalt einer Holzkugel stammt wahrscheinlich auch von Anaximander.

Sehr populär wurden solche Globen durch die Ausgestaltung mit Sternbildfiguren. Dazu hatte besonders das astronomische Lehrgedicht „Phainomena“ beigetragen, in dem der Arzt und Poet Aratos von Soloi (um 270 v. Chr.) mit bildhaften, anschaulichen Worten die Sternbildfiguren auf der Grundlage eines Lehrbuches von Eudoxus im Detail beschrieben hatte.

Dort erscheint eben beispielsweise Herkules in einer völlig klaren Vorstellung als Mann in der Kniebeuge, der sich auf dem linken Knie abstützt, den rechten Fuß auf den Drachenkopf setzt und in der linken Hand die Keule schwingt. Eindeutig war die Zuordnung der Sterne zu Kopf, Knie oder Fuß der Gestalten beschrieben. Man sprach bei solchen figürlich prächtig ausgeschmückten Modellen, die der Veranschaulichung der genannten Auslegungen dienten, direkt von den Aratosgloben.

Neben dieser dominierenden Darstellung der Figuren enthielten die Globen auch noch Himmelskreise wie Ekliptik, Äquator, Wende- und Zirkumpolarkreise. Nicht selten wurden die einfachen Anschauungsmodelle zu Prachtexemplaren aus Bronze oder Marmor mit erhabener Ausbildung der Figuren.

Bei den meist einfacheren, überwiegend aus Holz gefertigten wissenschaftlichen Globen kam den in sechs Größenklassen markierten Sternen die größere Bedeutung zu, während die Figuren nur angedeutet waren. Oft waren die Globen um die geneigte Polachse drehbar gestaltet und mit einem Horizontkreis umgeben, so daß die tägliche Drehung des Sternhimmels nachgeahmt und der Auf- und Untergang der Gestirne abgelesen werden konnte. Ein wissenschaftlich weit entwickeltes Exemplar, das die Tagesbewegung für verschiedene geographische Breiten der Erde und für verschiedene Jahrtausende demonstrieren konnte, beschrieb Ptolemäus in seinem Lehrbuch, dem Almagest.

Über viele Jahrhunderte dienten derartige Globen aus Kupfer, Bronze oder auch aus Holz, das mit Tuch bespannt war, als Lehrmittel. Verschiedene Ausführungen ahmten automatisch die tägliche Drehung synchron zur Natur mit Hilfe eines Wasserantriebes oder eines geregelten Gewichtsantriebes nach. Besonders wertvolle Objekte entstanden im 16. Jahrhundert in Kassel durch Eberhard Baldewein und Jost Bürgi am Hofe des Landgrafen von Hessen, der ein besonderer Förderer der Astronomie gewesen ist.

⊙ Alle diese Himmelsgloben, so beliebt sie auch waren, haben einen entscheidenden Nachteil, sie zeigen die Sterngruppen spiegelverkehrt, sie zeigen den Anblick von „außen" auf die Himmelskugel. Es ist deshalb nicht verwunderlich, daß der Gedanke aufkam, die Globen ausreichend groß zu bauen, damit man hineingehen und die Sterne von innen in ihrer natürlichen Lage erblikken kann.

Es ist fast grotesk, daß in einer der frühesten bekannten Ausgestaltungen der Innenfläche einer Gebäudekuppel mit dem Sternhimmel, nämlich im Kalifenschloß Qusayr' Amra südlich von Damaskus im 8. Jahrhundert n. Chr., die Figuren noch in gewohnter Weise spiegelverkehrt auch auf der Kugelinnenseite aufgetragen waren.

Es war erst um 1650, als auf Veranlassung des astronomieinteressierten Herzogs Friedrich III. von Holstein nach Angaben seines Hofmathematikers Adam Olearius (1603 bis 1671) von den künstlerisch begabten Handwerkern Andreas Busch, Lorenz Carstens und Christian Rotgießer mit dem Bau eines großen Himmelsglobus in einem der Sommerhäuser des Schloßgartens zu Gottorp begonnen wurde. In diese 1664 fertiggestellte große Kugel konnte man tatsächlich hineinsteigen und auf einer Bank Platz nehmen. Olearius soll die Anregung für diesen Bau bei einer seiner Reisen durch Persien erhalten haben. Dort habe man von einem großen gläsernen Himmelsglobus etwa aus der Zeit des 3. Jahrhunderts n. Chr. berichtet, in den man sich hineinsetzen konnte, der aber leider zerstört worden sei.

Wahrscheinlich dachte Voltaire auch an den Gottorper Globus, als er in seinem Roman „Die Prinzessin von Babylon" schrieb: „Inmitten der Gärten erhob sich zwischen zwei Wasserfällen ein runder Gesellschaftssaal von dreihundert Fuß Durchmesser, dessen himmelblaues Gewölbe, übersät von goldenen Sternen, alle Sternbilder samt den Planeten, jedes Gestirn an seiner wirklichen Stelle, wiedergab; und dieses Gewölbe drehte sich, so wie der Himmel, durch Triebwerke, die ebenso unsichtbar sind wie diejenigen, welche die Himmelsbewegungen lenken."

⊙
Ein begehbarer, wassergetriebener Himmelsglobus als Geschenk an den Zaren

Wenn auch der Gottorper Globus in seinen Ausmaßen keine 300 Fuß erreichte, so handelt es sich doch trotzdem um eine hohle Kupferkugel von 3,1 m Durchmesser und einer Masse von 3,5 t, die auch noch um eine durchgehende, entsprechend den Verhältnissen in der Natur geneigte Himmelsachse drehbar war. Das riesige Gebilde ließ sich sogar noch von einem Wasserrad über ein Getriebe in Rotation versetzen.

Die Besucher betraten die Kugel durch eine kleine Öffnung am Himmelssüdpol. Innen, auf einer feststehenden Plattform, befand sich eine ringförmige Bank, auf der bis zu 12 Personen Platz fanden und die in der Nähe der Rückenlehne den Horizontkreis trug.

An der Innenseite des Globus waren die Sterne in Form kleiner Kugeln aus Silber (in einigen Berichten heißt es sogar aus Gold) befestigt, die im Schein einer Kerze funkelten. Zusätzlich schmückten gemalte Sternbildfiguren die Himmelskugel. Zur Darstellung von Sonne und Mond dienten Glaskugeln, die sich entlang dem Tierkreis verschieben und damit von Hand positionieren ließen.

Hier konnte der Besucher den Sternhimmel von „innen", also seitenrichtig wie in der Natur, beobachten. Zusätzlich konnte er beim Drehen der Kugel den Auf- und Untergang der Gestirne naturgetreu erleben. Im Zentrum befand sich noch eine kleine Erdkugel von 15 cm Durchmesser. Auch die Außenseite der Kugel wurde zusätzlich zur Demonstration benutzt. Sie war als Erdglobus mit Kontinenten und Meeren ausgebildet, der dann auch die tägliche Rotation zeigen konnte.

Im Jahre 1713 schenkte der dänische König Friedrich IV., unter dessen Herrschaft Gottorp gekommen war, diesen Globus dem Zar Peter dem Großen. Jedoch wurde die Kugel schon 1747 bei einem Feuer in Petersburg fast völlig zerstört. Man hatte aber um 1750 in den Werkstätten der Akademie der Wissenschaften einen neuen Globus nach dem Vorbild des Gottorper Globus gebaut, der von 1904 an im Zarenschloß Zarskoje Zelo südlich von Petersburg aufgestellt wor-

Bild 1.25
Der Gottorper Globus im Lomonossow-Museum in St. Petersburg nach Zeichnungen von W. J. Peredery, St. Petersburg, Außenansicht (linkes Bild)

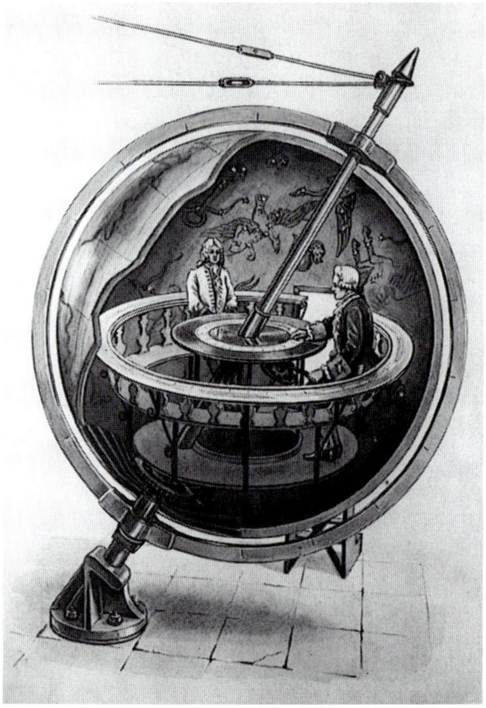

Bild 1.26
Gottorper Globus, Innenansicht (rechtes Bild)

den war. Von dort versuchten deutsche Truppen ihn während des Zweiten Weltkrieges wieder nach Gottorp zu bringen. Der Globus gelangte aber nur bis Lübeck. Von dort transportierten ihn die Briten wieder zurück nach St. Petersburg. Dort steht er in dem Gebäude des Museums für Völkerkunde, in dem Lomonossow die erste Sternwarte Rußlands errichtet hatte.

---

se Einrichtung wesentliche Weiterentwicklungen auf. Zum ersten war der aus Eisenblechen gefertigte Globus mit 5,4 m Durchmesser noch größer als der Gottorper. Zum anderen besaß er die besondere Neuerung, daß für die Darstellung der Sterne bis zur dritten Größenklasse einfach Löcher mit unterschiedlichen Durchmessern in die Bleche gebohrt waren. Der Besucher, der ebenfalls vom Südpol her in das Innere der Kugel ge-

Bild 1.27
Der große Weigelsche Globus auf dem Dach des Jenaer Schlosses, 1661 bis 1692, stark vergrößerter Ausschnitt aus der Radierung von Häublein, 1674

⊙ Wahrscheinlich angeregt durch den Bau des Gottorper Globus schuf Erhard Weigel (1625 bis 1699), Professor für Mathematik an der Universität Jena, einen auf den ersten Blick ähnlich erscheinenden Globus, den er 1661 auf dem flachen Dach des ein Jahr zuvor fertiggestellten Jenaer Schlosses errichtete.

Aber gegenüber seinem Vorbild wies die-

langte, sah sich von einer für damalige Verhältnisse äußerst natürlichen Nachbildung des Jenaer Sternhimmels in der Form strahlender Punkte umgeben, deren Auf- und Untergang er sogar noch verfolgen konnte, weil auch hier zusätzlich eine Drehung des Globus um die Polachse realisiert war.

Damit hatte Jena, der Geburtsort des späteren Projektionsplanetariums, bereits 1661

⊙
Der künstliche Sternhimmel von 1661 über Jena

seinen ersten künstlichen, aber in besonderer Weise natürlich nachgeahmten Sternhimmel. Leider war die Einrichtung für das Dach zu schwer. Sie mußte deshalb 1692 wieder abgebaut werden.

In seinem „Pancosmus aethereus et sublinaris" beschreibt Weigel eine weitere ähnliche Sternkugel von 3 m Druchmesser, die im Inneren eine Erdkugel mit Behältern für Wasser und Feuer zur Demonstration von Vulkanausbrüchen, Hagel, Regen und Donner besessen haben soll. Einem Bericht zufolge soll Weigel diese Kugel 1695 Christian V. von Dänemark als Geschenk überreicht haben.

Daneben schuf er auch noch einige kleinere Globen von etwa 30 cm Durchmesser, die ebenfalls beim Blick durch Gucklöcher auf der Südhalbkugel die Betrachtung eines gebohrten Sternhimmels von innen gegen das Licht von außen ermöglichten.

⊙ Nachahmungen in England und Amerika

⊙ Auch in England hatten diese Globen offensichtlich Schule gemacht. Roger Long (1680 bis 1770) schuf 1758 in Cambridge eine Kugel von 5,4 m Durchmesser und einem Gewicht von einer halben Tonne. Er benutzte Zinnbleche auf gekrümmten Eisenrippen. Der Raum im Inneren bot bis zu 30 Personen Platz. An der Innenfläche waren Tierkreis, Ekliptik und Sternbildfiguren gemalt. Die Sterne selbst sind erst nachträglich als Bohrungen eingebracht worden. 1871 hatte man die Einrichtung zerlegt und als Schrottmaterial verkauft.

Ein weiterer, schon sehr komfortabel ausgeführter begehbarer Himmelsglobus wurde schließlich im Museum der Chicagoer Akademie der Wissenschaften in Amerika nach Entwürfen des Museumsdirektors W. Atwood von L. W. Noyes gebaut und am 5. 6. 1913 in Betrieb genommen. Es war eine relativ leichte Kugel mit der Masse von nur 227 kg. 692 Löcher unterschiedlicher Größe in gekrümmten, galvanisierten Eisenblechen von nur 0,4 mm Dicke stellten die Sterne bis zur vierten Größe dar.

Die tägliche Drehung besorgte hier bereits ein Elektromotor. Eine kleine elektrische Lampe als Sonne konnte von Hand auf der Ekliptik plaziert werden, ebenso Scheiben mit Leuchtfarbe in den entsprechenden Formen der Mondphasen. Auch für die Planeten waren mehrere Steckmöglichkeiten vorgesehen.

Die Einrichtung war über viele Jahre ein beliebtes, viel benutztes Lehrmittel. Seine Bedeutung ließ verständlicherweise mit der Inbetriebnahme des Projektionsplanetariums in Chicago im Jahre 1930 nach. Atwood schrieb im Jahre 1938:

„Diese einfache Einrichtung hat Tausenden von Leuten geholfen, viele, in einer klaren Nacht zu beobachtenden Sternbilder zu identifizieren und einige grundlegende Prinzipien der Astronomie zu verstehen. Wenn von der Erde aus sichtbare Kometen erschienen, wurde eine kleine, mit Leuchtsalz versehene Kometenfigur am richtigen Ort an der Kugelinnenfläche angebracht. Die Demonstrationen wurden monatlich den natürlichen Verhältnissen angepaßt". Die geringe Nutzung begünstigte den allmählichen Verfall des Globus, der 1959 noch einmal renoviert wurde.

1959 ließ der damalige Direktor der Akademie W. J. Becker das inzwischen historisch wertvoll gewordene Hohlkugelplanetarium noch einmal umfassend restaurieren. Es wurde bei dieser Gelegenheit sogar noch verbessert und ergänzt. Beispielsweise hatte er bei der Überholung der Perforation die größten Öffnungen mit Filtern ausstatten lassen. Die hellsten Sterne erschienen auf diese Weise in ihren natürlichen Farbnuancen. Der Horizont erhielt als Panorama die Silhouette von Chicago. Neues Gestühl schaffte bequeme Sitzgelegenheiten für 17 Personen. Schließlich hatte man auch keine Mühe gescheut, um in Anlehnung an die Ausführung des Gottorper Globus die Außenseite der Kugel zum Erdglobus auszubilden. Die Kontingente werden hier sogar plastisch hervorgehoben und farbig gestaltet.

Für große begehbare Globen mit aus-

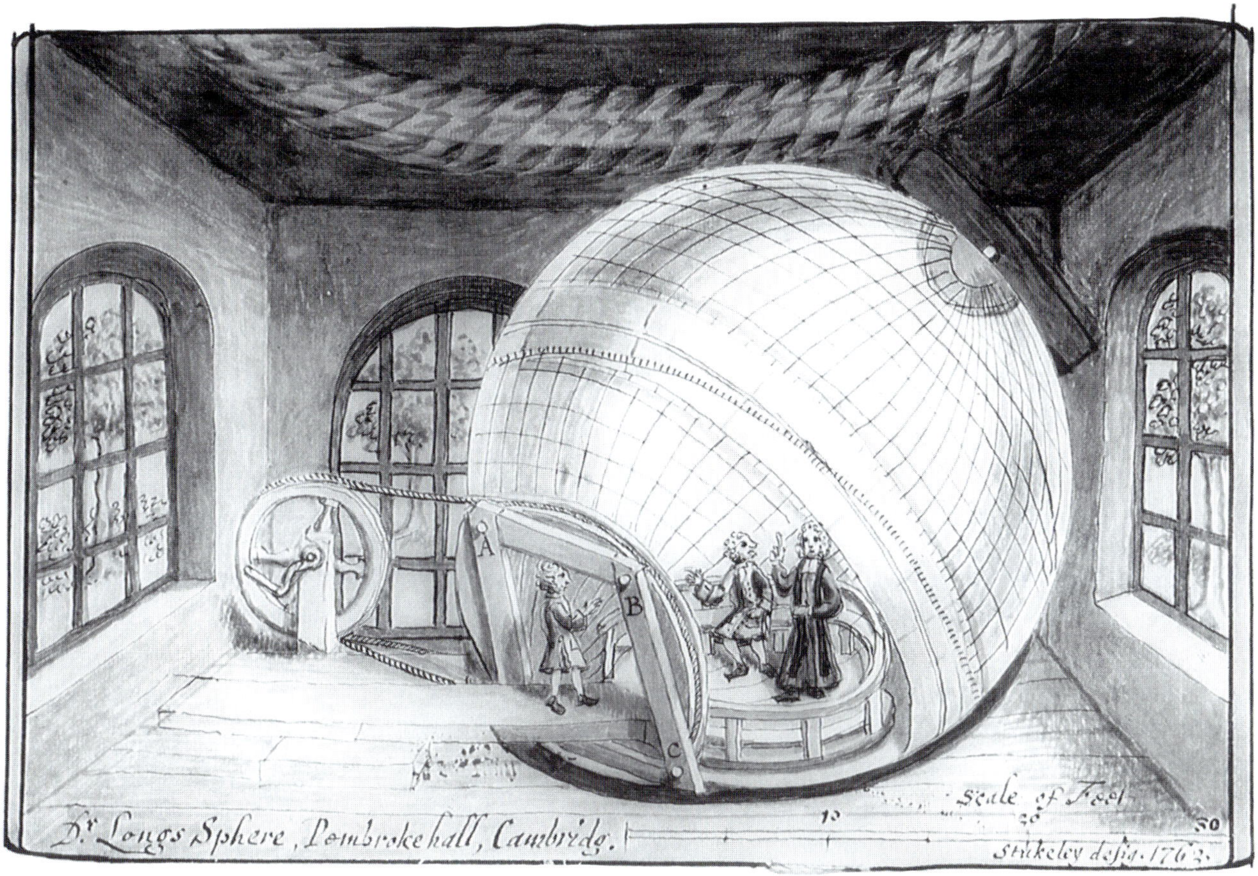

Bild 1.28
Globus von Roger Long in der Pembroke Hall in Cambridge nach einer Zeichnung von Stukeley, Bodlaien Library Oxford

schließlich geographischen Informationen gibt es eine Reihe weiterer Beispiele wie etwa das durchsichtige 10 m große Georama von Langlois an der Champs Elysées in Paris aus dem Jahre 1824 oder der geographische Riesenglobus mit 18,3 m Durchmesser von Ismes Wyld, der 1851 bis 1861 am Leicester Square in London stand. Über Treppen im Inneren konnte hier der Besucher zu verschiedenen geographischen Breiten „emporklettern".

2 Erfindung und Entwicklung des Projektionsplanetariums

Der erste Planetariumsprojektor der Welt, hergestellt für das Deutsche Museum München, in Betrieb genommen am 7. Mai 1925

Vom mechanischen Modell zur Projektion – die Geburtsstunde des Projektionsplanetariums

Der Auftrag des Deutschen Museums

Oskar von Miller (1855 bis 1934), auf dessen Anregung hin das Deutsche Museum in München gegründet wurde, bemühte sich von Anfang an intensiv um eine anschauliche Demonstration von Himmelsvorgängen. Diesem Ziel diente auch der Auftrag für den Bau zweier Planetariumsmaschinen an die Firma Sendtner in München. Die eine, ein einfaches Modell des heliozentrischen Sonnensystems mit den Planeten bis zu Neptun, einschließlich ihrer Monde, in einer Glaskugel von 1,5 m Durchmesser, war 1911 fertiggestellt worden. Das zweite, ein geozentrisches Modell, erhielt das Museum nur ein Jahr später. Es ist ebenfalls ein gläserner Sternglobus, der die Mechanismen für Sonne, Mond und Planeten, mit der Erde im Zentrum, umschließt.

Das eigentliche Anliegen Millers galt aber der Schaffung zweier zwar ähnlicher, aber weitaus großzügiger angelegter Einrichtungen, die gleichzeitig einer großen Anzahl von Besuchern das heliozentrische System einerseits und den Lauf der Himmelskörper am irdischen Sternhimmel andererseits erklären sollten. Unermüdlich war er mit der Einholung und Bearbeitung von Projektvorschlägen beschäftigt. Für die Realisierung versuchte er, verschiedene Firmen, Mechaniker und Uhrmacher zu gewinnen. 1913 nahm er dazu auch Verhandlungen mit der Firma Carl Zeiss in Jena auf.

Oskar von Miller stieß mit seinen Wünschen zur Bearbeitung dieser Aufgabe keinesfalls auf große Bereitschaft in Jena. Am 30. Juli 1913 erhielt er sogar zunächst eine Absage, in der es heißt: „... da derartige Arbeiten nicht in den Rahmen unserer Fabrikation passen" (Fuchs, F.). Von Miller gab aber nicht auf. Er war zutiefst vom Gelingen „einer Musterleistung" durch die Firma Zeiss überzeugt. So konnte er tatsächlich Rudolf Straubel von der Geschäftsleitung zur Bereitschaft an weiteren Gesprächen bewegen, die dann zwar durch den Krieg zurückgestellt werden mußten, aber schließlich zum erhofften Erfolg führten.

Bild 2.1
Heliozentrisches Planetarium, Sendtner 1911, Deutsches Museum München

⊙ Die Fahrt im Erdenwagen um die Sonne – das Kopernikanische Planetarium

⊙ Relativ einfach gestalteten sich die Verhandlungen zum heliozentrischen Modell. Der Besucher sollte hier den Aufbau und die Bewegungen im Sonnensystem sowohl von außen als auch von verschiedenen innerhalb gelegenen Orten aus betrachten können. Mit anderen Worten, es war auch die Möglichkeit des „Spazierengehens" durch das System gewünscht.

Mit der Ausführung war der Leiter der Konstruktionsabteilung Franz Meyer beauftragt. Zu diesem Modell hatte man sehr bald eine klare, brauchbare Konzeption gefunden, die dann auch schrittweise realisiert wurde, so daß wunschgemäß im Oktober 1924 die feierliche Einweihung in München stattfinden konnte. Die Lösung für dieses heliozentrische Planetarium sah folgendermaßen aus:

In einem zylindrischen Raum von 12 m Durchmesser und 2,8 m Höhe bewegten sich Planetenkugeln um eine im Zentrum fest angeordnete und als Sonne dienende Opalglaskugel. Eine Glühlampe im Inneren brachte die Sonne zum Leuchten. Die Planeten waren über Stangen an kleinen Wagen befestigt. Diese liefen, elektrisch angetrieben, oberhalb der Decke auf Schienen, die eine den Planetenbahnen entsprechende elliptische Form besaßen. Ein zweites System von Führungsschienen bewirkte zusätzlich ein Heben und Senken der Planeten, so daß auf diese Weise auch ihr Lauf in geneigten Bahnen simuliert werden konnte.

Neben der Elliptizität der Bahnform und

Bild 2.2 Kopernikanisches Planetarium im Deutschen Museum in München, 1924, 12 m Durchmesser, 2,8 m Höhe

der Realisierung der Bahnneigung wiesen auch die Umlaufzeiten der Planeten zueinander nur äußerst geringe Abweichungen auf. Dahingegen zwangen die Raumgröße und die gewünschte Übersichtlichkeit zu größeren Abweichungen beim Durchmesser der Bahnen und auch bei der Größe der Planetenkugeln für Jupiter und Saturn. Beispielsweise hätte die Saturnbahn beim gewählten Erdbahndurchmesser von 4,43 m bereits ein Ausmaß von 42,45 m statt der letzlich realisierten 11,25 m haben müssen. Ebenso wäre bei der Größe der Erde von 12 cm der Jupiter schon zu einer mächtigen Kugel von 1,35 m geworden.

Die hell gestrichenen Planetenkugeln verbargen in ihrem Inneren noch umfangreiche Getriebegruppen, die sowohl für die Bewegung der Monde im richtigen zeitlichen Verhältnis als auch für die Aufrechterhaltung der raumfesten Lage, beispielsweise der Erdachse und des Saturnringes, sorgten. Damit konnte also auch die Entstehung der Jahreszeiten oder die verschiedene Sichtbarkeit des Saturnringes, von der Erde aus erklärt werden.

Miller hatte bei dieser Einrichtung besonderen Wert auf die Realisierung seiner Idee von der Schaffung eines „Erdenwagens" gelegt. Gemeint ist damit ein Gestell, das immer unmittelbar unter der Erdkugel auf Schienen im Fußboden mit um die Sonne lief. Es bot Platz für eine Person, die über ein Weitwinkelperiskop die Bewegungen von Sonne und Planeten vom jeweiligen Ort der Erde aus beobachten konnte. Ein solcher Umlauf erfolgte dabei in zwölf Minuten.

Dieser Anblick zeigte zusätzlich die Bewegungen in bezug auf den Fixsternhimmel. 180 kleine Lämpchen an der zylindrischen Wand repräsentierten die Sterne erster bis vierter Größenklasse aus den Tierkreisbildern. Für die unterschiedlichen Helligkeiten sorgten kleine Blenden verschiedenen Durchmessers an den Lampen. Vor den Augen des Beobachters im Erdenwagen entstanden somit die geozentrischen Schleifenbewegungen der Planeten am Fixsternhimmel und ebenso der scheinbare jährliche Lauf der Sonne durch den Tierkreis.

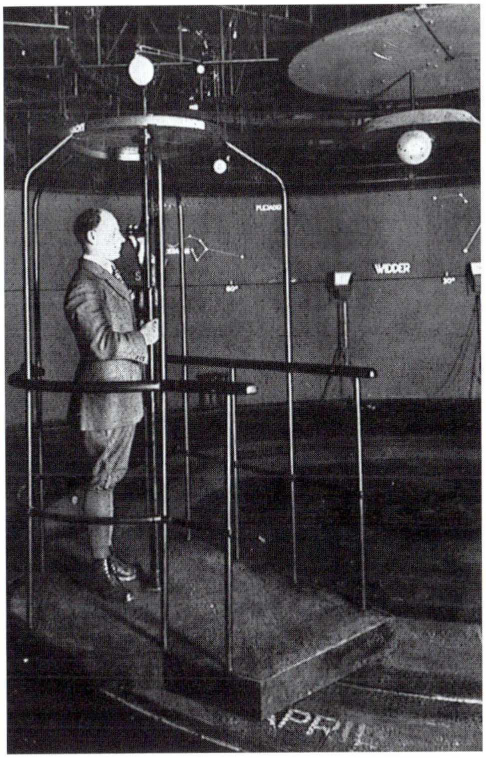

Bild 2.3
Synchron zur Erdkugel bewegter Beobachterwagen im Kopernikanischen Planetarium des Deutschen Museums in München

Diese Anlage stand immer im Schatten seiner mit größerer Anerkennung bedachten Zwillingseinrichtung, des Projektionsplanetariums.

◐

Von der perforierten Kuppel zur Sternprojektion – die Probleme beim geozentrischen Planetarium

◐

Eine große Weigelsche Kugel für München?

Viel mehr Kopfzerbrechen bereitete die Konzeption zum geozentrischen Planetarium. Gemeinsam berieten Miller und Vertreter der Firma Zeiss den aus Gesprächen und Briefen mit dem Direktor des Heidelberger Observatoriums Max Wolf (1863 bis 1932) stammenden Vorschlag über den Bau einer großen hohlen Kugel nach dem Vorbild des

Weigelschen Globus aus dem Jahre 1661. Solche Gedanken fanden noch Nahrung in dem erfolgreichen Einsatz der Atwoodschen Kugel in Chicago. Dementsprechend gingen auch erste Vorstellungen in die Richtung einer Blechkugel von 7 bis 10 m Durchmesser und 1 mm Wandstärke, in der die Sterne als Löcher gebohrt und durch Licht von außen zum Leuchten gebracht bzw. direkt durch kleine an der Kugelinnenseite fixierte Lampen dargestellt werden sollten.

Verständlicherweise wollte man auch nicht auf die Demonstration des Auf- und Unterganges der Gestirne verzichten. Die riesige Kugel hätte zu diesem Zweck um eine geneigte Achse über dem Zuschauerraum rotieren müssen. Erste Entwürfe liefen auf die Verwendung eines riesigen Kugellagers von etwa 5 m Durchmesser hinaus, das entsprechend der Ebene des Himmelsäquators schräg im Raum liegen sollte und durch das die Besucher über eine Treppe wie durch ein Tor hindurch ins Innere der Kugel gelangen sollten. Zur Simulation des gewünschten natürlichen und beeindruckenden Himmelsanblickes hätte die Drehung dieses Monstrums auch noch genügend leise erfolgen müssen.

Ein weiteres wesentliches Problem waren die Bewegungen von Sonne, Mond und Planeten. In Anlehnung an die Atwoodsche Lösung dachte man zwar auch an leuchtende Scheiben, die aber im Unterschied zu der amerikanischen Ausführung nicht von Hand gemäß einem bestimmten Datum an der Kuppel plaziert, sondern motorgesteuert über lange Gestänge vom Zentrum aus entsprechend ihren geozentrischen Bewegungen an der Kuppelinnenfläche entlanggeführt werden sollten. Miller hatte sogar 1913 ein betriebsfähiges Modell mit einem Kuppeldurchmesser von 50 cm bauen lassen, bei dem Sonne, Mond und Merkur von außen durch Gelenkwellen angetrieben wurden. Die Kompliziertheit aller notwendigen Mechanismen, insbesondere für den gewünschten Ablauf eines Jahres in etwa zwei Minuten und damit für den Umlauf des Mondes in rund zehn Sekunden läßt die Aussichtslosigkeit des Unternehmens deutlich werden.

Bild 2.4
Walther Bauersfeld, Aufnahme anläßlich seiner Ernennung zum Professor

Trotz intensivster Bemühungen widersetzten sich die Probleme hartnäckig – vom Standpunkt der nachfolgenden Entwicklung möchte man sagen glücklicherweise – einer zufriedenstellenden Lösung auf dieser Basis.

Die vollständige Projektion als Lösung

Es existieren zwar verschiedene, zum Teil sogar widersprüchliche Quellen, aber soweit wir heute die Vorgänge rekonstruieren können, fand ein entscheidendes Gespräch zwischen Vertretern des Deutschen Museums und der Firma Zeiss Ende Februar 1914 statt (Hermann, A.). Während nach wie vor die Weigelsche Kugel und die Planetengestänge die Grundlage für die Verhandlungen bildeten, richtete der hervorragende und erfahrene Konstrukteur Walther Bauersfeld (1879 bis 1959), der bereits 1908 als damals Neunundzwanzigjähriger in die Geschäftsleitung von Carl Zeiss Jena berufen worden war, an die Münchener Vertreter die Frage „Warum wollen Sie eine so komplizierte, schwere Mechanik bauen?" Sein Vorschlag bestand darin, auf das aufwendige Gestänge vollständig zu verzichten und dafür die Bilder von Sonne, Mond und Planeten über eine Projektion an der Innenfläche der Atwoodschen Kugel entstehen zu lassen. „In diesem Fall könnte die ganze komplizierte Mechanik durch eine einfache Konstruktion im Mittelpunkt der Kugel ersetzt werden.". Diesen Satz ergänzte Rudolf Straubel mit den Worten: „Dann sollte man aber auch die Fixsterne selbst auf diese Kugel projizieren." Das war die eigentliche Geburtsstunde des Projektionsplanetariums (Hermann, A.).

Oskar von Miller war von diesen Vorschlägen fasziniert, und offensichtlich hatten die Ideen aus diesen Gesprächen auch in Jena neue Interessen an der Aufgabe geweckt. Trotzdem lief die Bearbeitung anfangs nicht ganz wie gewünscht. Im März 1919 formulierte Franz Meyer sogar erneut eine Absage zur Projektion der Fixsterne an Oskar von Miller: „Wir müssen Ihnen leider die Mitteilung machen, daß die Projektion des eigentlichen Fixsternhimmels derartige Schwierigkeiten verursacht, ... daß wir Ihnen den Vorschlag machen möchten, von der Projektion des Fixsternhimmels abzusehen und wieder zu der von Ihnen zuerst vorgesehenen Konstruktion zurückzugreifen."

Bauersfeld, der von diesem Vorgang nichts gewußt hatte und dem dieser Brief vom 21. 3. 1919 am darauffolgenden Samstagvormittag zur Unterschrift vorgelegt worden war, hielt die Nachricht zurück. Über das Wochenende erarbeitete er eine eigene Konzeption, die er zur Überraschung am 24. 3. 1919 einem engen Kreis von Mitarbeitern vortrug. Dieser Vorschlag umfaßte die komplette Projektion sowohl des Sternhimmels als auch von Sonne, Mond und Planeten.

Die Vorlage dieses Konzeptes durch Bauersfeld war der eigentliche Beginn für die Realisierung des Projektionsplanetariums.

Walter Villiger (1872 bis 1938), der Leiter der Astroabteilung im Zeiss-Werk seit 1913, formulierte diesen Vorschlag später (1931) mit den Worten „Die große Kugel wird festgelegt, ihre weiße Innenfläche soll als Projektionsfläche dienen für eine Vielzahl von kleinen Projektionsapparaten, die im Mittelpunkt angeordnet werden. Die gegenseitige Stellung und Bewegung der kleinen Bildwerfer soll durch passende Getriebe so gelenkt werden, daß die von den Projektionsapparaten auf der festen Halbkugelfläche erzeugten Bilder der Himmelskörper uns die mit bloßem Auge sichtbaren Gestirne in Lage und Bewegung so darstellen, wie wir sie draußen in der Natur zu sehen gewohnt sind."

Von dieser Zeit an widmete Bauersfeld selbst, neben seinem hohen Engagement in der Geschäftsleitung und seiner Arbeit an weiteren Projekten, einen Großteil seiner Arbeitskraft dieser Aufgabe. Die Grobkonzeption wurde durch detailierte Entwürfe untersetzt. Bauersfeld drückte das anläßlich der Verleihung der „James Watt International

Bild 2.5
Das erste, im Auftrag des Deutschen Museums hergestellte Projektionsplanetarium, Deutsches Museum München

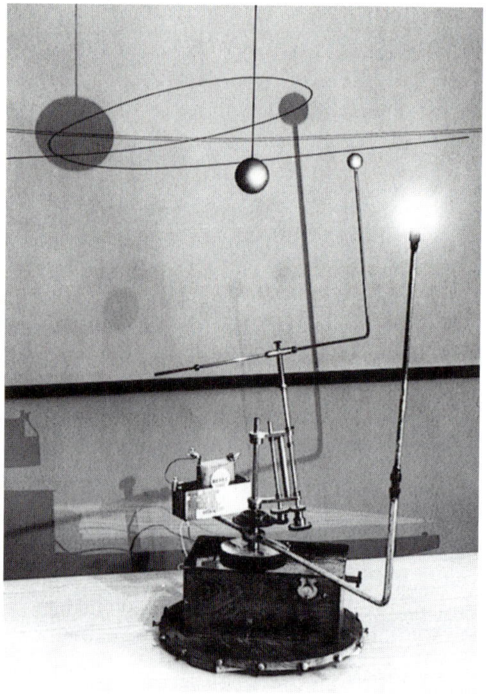

Bild 2.6
Orbitoskop des Lehrers Eduard Hindermann aus Basel, 1913, Darstellung der geozentrischen Bewegungen auf der Grundlage einer Schattenprojektion, Planetarium Wien

Medal" durch die englische Vereinigung von Maschinenbauingenieuren mit den Worten aus: „Eine große Zahl von Skizzen und mathematischen Berechnungen erwiesen sich als nötig. Aber ich hatte Glück, daß mir kein ernstes Hindernis begegnete ... und am Ende ging der Erfolg weit über alles hinaus, was man sich vorher vorgestellt hatte."

Bevor dieser Lösungsvorschlag von Bauersfeld näher betrachtet werden soll, erscheint noch ein kurzer Blick auf das gegebene Umfeld, d. h. auf die vorhandenen Bedingungen und Voraussetzungen zur Bearbeitung dieser Aufgabe, zum damaligen Zeitpunkt interessant und einer Erwähnung wert:

⊙ Lag die Lösung in der Luft?

⊙ Wie so oft bei großen Erfindungen, war auch diese auf vielen Gebieten vorbereitet. Die Zeit schien reif zu sein dafür. Es deuteten sich sogar teilweise gewisse Lösungsansätze in verschiedenen Geräteaufbauten dazu an. Das zeigen die nachfolgenden Beispiele:

Bereits Anfang des 19. Jahrhunderts gab es eine Darstellung des Sonnensystems auf der Grundlage einer Projektion. Man hatte damals natürlich sehr bald die Nachteile der mechanischen Planetariumsmodelle erkannt. Es konnten immer nur wenige Personen einer solchen Demonstration beiwohnen, und sie stellten oft hohe Anforderungen an das Vorstellungsvermögen der Zuschauer. Deshalb hatte sich 1820 der Engländer Philip Carpenter in Cambridge die Idee der „Laterna Magica", des damaligen schlichten, aber sehr beliebten Diaprojektors, zunutze gemacht. Er projizierte damit Diapositive mit Bildern von den Planeten, die er zusätzlich mit Hilfe einfacher Getriebe so bewegte, daß der Planetenlauf um die Sonne auf einem Bildschirm entstand und somit von vielen Zuschauern gleichzeitig betrachtet werden konnte. Hier waren also erstmals die Planeten durch Projektion und ihre heliozentrische Bewegung durch einfache getriebegesteuerte Lageänderungen der Diapositive dargestellt worden.

Eine weitere Lösung, auf die man aufbauen konnte und die auch bereits 1913 als Lösung ernstlich in Betracht gezogen wurde, stellt das Orbitoskop des Lehrers Eduard Hindermann aus Basel dar. Er verwendete ein

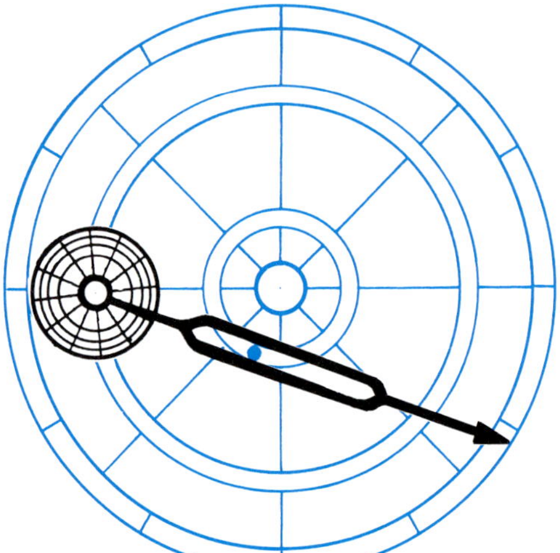

Bild 2.7
Prinzip zur Darstellung der geozentrischen Bewegung des Merkur im Planetarium von Nesstfell, 1753

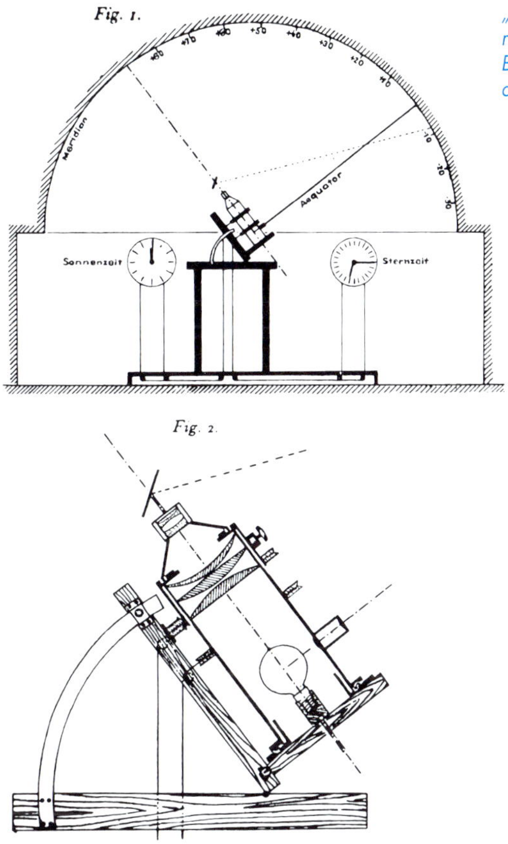

Bild 2.8
„Astroprojektionsapparat" von Finke aus Bremen, 1919, Bild aus der Patentschrift

kleines mechanisches Modell für Sonne, Erde und einen Planeten von damals üblicher Ausführungsart in der Mitte eines zylindrischen Raumes. Die Besonderheit lag nun in der Idee, die Erde durch eine Glühlampe zu verkörpern und die Bilder von Sonne und Planet durch eine Schattenprojektion zu erzeugen. Das in Gang gesetzte Modell ließ im verdunkelten Raum naturgetreu die scheinbare Jahresbewegung der Sonne und die Schleifenbewegung eines Planeten auf der als Bildschirm dienenden zylindrischen Wand entstehen. Der Ablauf konnte von allen Schülern einer Klasse gleichzeitig verfolgt werden. Es blieb hier nur der nächste Schritt noch offen, die ständige Verbindung Erde-Planet der Schattenprojektion durch eine mechanische Halterung für einen Planetenprojektor zu ersetzen.

Aber auch eine solche mechanische Verbindung zweier Planeten zur Erklärung der geozentrischen Bewegung hatte Nesstfell 1753 in seiner großen Planetariumsmaschine für den Fall des Merkur realisiert. Er brachte einen großen Zeiger drehbar an der um die Sonne laufenden Erdkugel an. Dieser Zeiger war mit einer langen Nut versehen, in der ein den Planeten Merkur repräsentierender Stift gleiten und auf diese Weise die unterschiedlichen Entfernungen zwischen Erde und Merkur ausgleichen konnte. Der Zeiger wies somit stets in die Richtung der geozentrischen Planetenposition.

Die zahlreichen Vorbilder für die heliozentrischen Modelle besaßen zwar nur mehr oder weniger gute Annäherungen an die ungleichförmige Bewegung. Aber auf die Auswahl der Radpaarungen nach der Kettenbruchmethode von Huygens konnte man auch 240 Jahre später noch aufbauen.

Günstig wirkte sich der Entwicklungsstand in der Elektrotechnik aus, indem Lampen und Motoren in geforderter Dimension und Ausführung zur Verfügung standen. Ebenso konnte man auf qualitätsgerechte Projektionssysteme zurückgreifen. Sogar die Anordnung der Geräteachsen, ihre „Ineinanderverschachtelung" im später noch zu betrachtenden Hantelprojektor hatte ein gewisses Vorbild im universellen Himmelsglobus von Ptolemäus und ebenso im „Globus Perpetuus", dem „ewigen Globus" von Weigel.

Schließlich bedarf es noch der Erwähnung der folgenden Projektionseinrichtung für Sternfelder. Wilhelm Funke aus Bremen beschrieb eine „Astroprojektionseinrichtung für Unterrichtszwecke", für die ihm 1919 ein Patent erteilt wurde. Die Auslegeschrift beginnt mit den Worten: „Die Astro-Projektion will die scheinbaren Bewegungen der Gestirne am Himmel in einer dem irdischen Standpunkt des Beobachters entsprechenden Weise veranschaulichen. Mittels eines besonderen Lichtbild-Projektions-Apparates werden

Bilder der Gestirne auf eine halbkugelförmige Projektionswand als Himmel geworfen und durch Drehung des Apparates um die in die Richtung der Weltachse gestellte optische Achse die Bewegung der Gestirne bewirkt".

Der „Astroprojektionsapparat" bestand im wesentlichen aus einem einzelnen Projektor mit austauschbarem Bildinhalt und veränderlicher, wählbarer Projektionsrichtung. Damit konnte der tägliche Lauf der Sonne, des Mondes, eines Planeten oder die Bewegung eines Sternfeldes, insbesondere die Rotation der Zirkumpolarsterne um den Himmelspol herum nacheinander demonstriert werden. Der Äquator und der Meridian mit einer Gradunterteilung waren feststehend auf der Projektionsfläche aufgezeichnet. Dagegen wurde eine Markierung für den Frühlingspunkt vom Gerät aus projiziert, die damit also auch an der täglichen Drehung der übrigen Bildinhalte teilnahm. Über weitere Zusatzeinrichtungen ließen sich sogar die Auf- und Untergangszeiten der Sonne ablesen. Zum verwendeten Prinzip für die Sterndarstellung heißt es in der Beschreibung: „... wird ... eine entsprechende Blechplatte mit Durchbohrungen in den Diapositivrahmen eingeführt."

Hier sind also ebenfalls Prinzipien eines Projektionsplanetariums beschrieben wie die Darstellung von Sonne und Sternfeldern durch Projektion an eine halbkugelförmige Fläche sowie die Darstellung ihrer täglichen Bewegung durch die Rotation des Projektors um die zum Himmelspol ausgerichtete Achse.

Das Projektionsplanetarium in Jena stellt zweifellos eine qualitativ völlig neue Stufe in der Entwicklung dar. Die Beispiele zeigen aber, daß der Boden für die Erfindung in vielfältiger Weise vorbereitet war und daß offensichtlich die Lösung der Aufgabe in eine bestimmte Richtung drängte.

Bild 2.9
Die Demonstrationen des ersten Projektionsplanetariums in der 16-m-Kuppel auf einem der Dächer des Zeiss-Werkes in Jena fanden regen Zuspruch bei der Bevölkerung.

⊙ Fast fünf Jahre intensivster, harter und vielseitiger Arbeit einer Spezialistengruppe bei Zeiss bedeuteten die Berechnung, die Konstruktion und der Bau des Gerätes nach den von Bauersfeld ausgearbeiteten Grundprinzipien. Einige hundert Seiten, angefüllt mit Skizzen, Berechnungen und Beschreibungen aus seiner Hand sind heute noch erhalten. Er, der für seine „Ingenieurgeschicklichkeit, seine Forscherveranlagung und seine in die Tiefe gehende Sachkenntnis" (Hermann, A.) bekannt war, war der geistige Vater dieser Geräteentwicklung. Mit großem Aufwand wurde hier etwas völlig Neuartiges geschaffen, von dessen Erfolg keineswegs immer alle überzeugt waren. „Während dieser fünf Jahre hat es wohl auch nicht an Zweiflern unter denen gefehlt, die den Kampf um den künstlichen Himmel aus nächster Nähe miterleben durften, und die ob des erhofften Erfolges mißtrauisch waren" (Villiger 1931).

Jedoch war allen Berichten zufolge die erste probeweise Demonstration ein überwältigendes, tief beeindruckendes Erlebnis, das allen Aufwand rechtfertigte. „Auch die Nächstbeteiligten waren überrascht, als in Jena zum ersten Male in einer auf einem der Fabrikdächer des Zeisswerkes aufgebauten Kuppel von 16 m Durchmesser das Firmament erstrahlte. Keine Beschreibung vermag den tiefen Eindruck wiederzugeben, den man in diesem Himmelsmodell empfindet." (Villiger 1931).

Eine fast kindliche Ungeduld spürt man in dem Wunsch Millers, sogar das noch nicht ganz fertige Gerät zur Jahresversammlung des Deutschen Museums in München am 21. 10. 1923 vorzuführen. So wurde es tatsächlich von Oktober bis Dezember 1923 in der bereits 1921 errichteten 9,8-m-Gipskuppel provisorisch aufgestellt und anschließend zur Komplettierung wieder zurück nach Jena transportiert.

Der sich schnell verbreitende Ruf über das „Wunder von Jena" führte zur Aufnahme öffentlicher Demonstrationen im August 1924 auf dem Fabrikdach. Selbst als im Mai 1925 das Gerät endgültig nach München geliefert und das Planetarium am 7. dieses Monates eröffnet wurde, erfolgte eine Fortsetzung des öffentlichen Vorführbetriebes in Jena mit einem parallel dazu gefertigten zweiten Exemplar. Insgesamt haben von August 1924 bis Ende Januar 1926 über 79 000 Besucher den neuen künstlichen Sternhimmel bewundern können.

⊙ „Das Wunder von Jena" auf dem Fabrikdach – erfolgreiche Projektion

Zu diesen Bewunderern gehörte auch Strömgen, der Direktor der Sternwarte in Kopenhagen, der seine Eindrücke von der Besichtigung des zweiten Modells auf dem Fabrikdach in Jena im Artikel „Das Wunder von Jena" in der dänischen Zeitschrift „Politiken" vom 19. 2. 1925 folgendermaßen formulierte:

„Derjenige, der diese Zeilen schreibt, zweifelt gewiß nicht daran, daß Kopenhagen einmal – früher oder später – sein Planetarium bekommt. Es ist keine billige Geschichte, die Kosten belaufen sich auf mehrere hunderttausend Kronen. Aber nie ist ein Anschauungsmittel geschaffen worden, das so instruktiv wie dieses wäre, nie eins, das mehr bezaubernd gewirkt hätte, nie eins, das im selben Grade wie dieses sich an alle wendet. Es ist Schule, Theater, Film auf einmal, ein Schulsaal unter dem Gewölbe des Himmels, und ein Schauspiel, wo die Himmelskörper Akteure sind. ... Eine Nitralampe, eine Anzahl Taschen-Projektionsapparate, einige Zahnradübersetzungen und soundsoviele Meter elektrischer Leitungsdraht, das sind die Hauptingredienzen, und das Resultat: das schönste Kunstwerk."

Villiger drückt die Bedeutung des Gerätes mit folgenden Worten aus: „Die in das Instrument gesetzten Erwartungen haben sich voll erfüllt. Alle Besucher haben erkannt, daß hier ein Lehr- und Anschauungsmittel ersten Ranges geschaffen ist, dazu geeignet, größeren Volkskreisen die Vorgänge in der Natur in eindrucksvoller Weise näherzubringen." (Villiger 1931).

⊙ Das Modell I – ein Überblick zu Aufbau und Funktion des Gerätes

⊙ Die epochemachende Erfindung hatte man selbstverständlich zum Patent angemeldet. Das Patentamt gewährte der „Firma Carl Zeiss in Jena" einen Rechtsschutz für eine „Vorrichtung zum Projizieren von Gestirnen auf eine kugelförmige Projektionswand", und zwar „vom 17. Oktober 1922 ab". Die Tatsache, daß von zehn Patentansprüchen nur einer die Erzeugung des Fixsternhimmels und die übrigen neun die Darstellung der Körper des Sonnensystems betreffen, zeigt einmal mehr, welche Bedeutung damals der Demonstration der Planetenbewegung beigemessen wurde. Dieser erste Anspruch zur Fixsternprojektion hört sich in der Sprache der Patentformulierung wie folgt an:

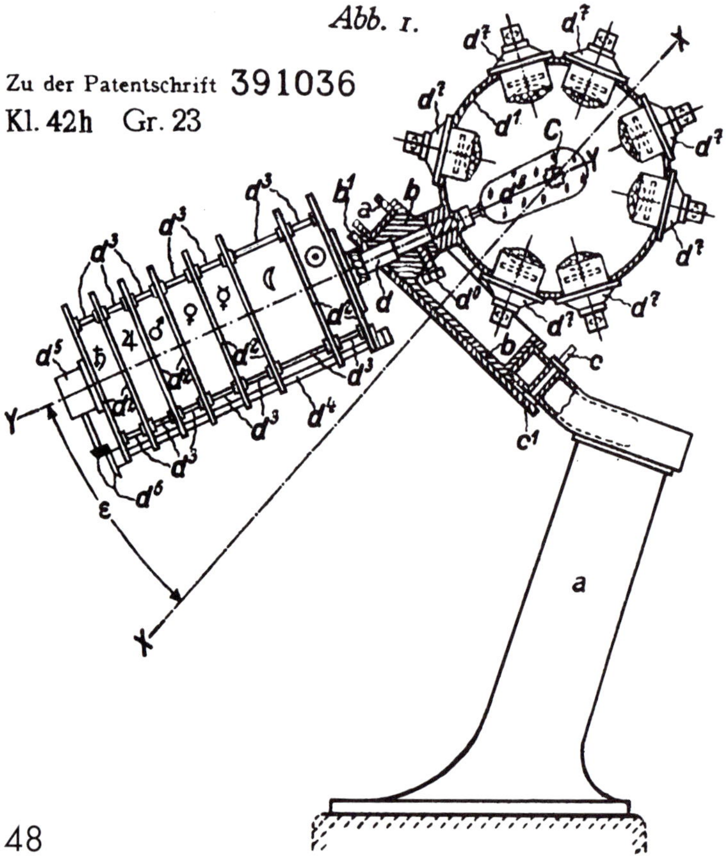

Bild 2.10
Ausschnitt aus der Patentschrift vom 17. 10. 1922 für die „Vorrichtung zum Projizieren von Gestirnen auf eine kugelförmige Projektionswand"

„1. Vorrichtung zum Projizieren von Gestirnen auf eine halbkugelförmige Projektionswand, dadurch gekennzeichnet, daß zu diesem Zwecke, auf der Projektionswand den Fixsternhimmel in solcher Ausdehnung sichtbar zu machen, wie er am Aufstellungsort der Vorrichtung gesehen wird, mehrere Projektionseinrichtungen derart angeordnet sind, daß sie um eine den Kugelmittelpunkt der Projektionswand enthaltende, der Weltachse parallele Achse drehbar sind, und daß ihre Objektive um eine Lichtquelle herum gruppiert sind, die in diesem Mittelpunkt liegt und sämtlichen Projektionseinrichtungen gemeinsam ist."

Damit ist bereits der grundlegende Aufbau des Gerätes angedeutet. Es besteht im wesentlichen aus zwei Baugruppen, aus der Fixsternkugel und aus dem Planetengerüst. Beide sind fest über ein scheibenförmiges Mittelstück miteinander verbunden, das ihre gemeinsame Rotation um eine geneigte Achse ermöglicht. Getragen wird die Einrichtung von einem säulenartigen Unterbau auf einem Sockel, der die Mitte der Fixsternkugel in einer Höhe von zwei Metern über dem Fußboden stets im Zentrum der halbkugelförmigen Projektionskuppel hält.

4500 Sterne wurden durch 31 Projektoren dargestellt, die auf einer aus Rotguß hergestellten Kugelschale von 50 cm Durchmesser angeordnet waren und dort konusartig nach außen ragten. Die bekannten Sterngruppen, erzeugt durch winzige leuchtende Scheibchen in dem großen dunklen Kuppelraum, stellten gegenüber allen bisherigen Modellen eine unübertroffene, natürlich wirkende Neuerung dar. „Die bildliche Wiedergabe des Sternhimmels ist mit dem beschriebenen Projektionsverfahren recht gut gelungen. Der Anblick ist auch in ästhetischer Hinsicht sehr reizvoll. Da die Projektionsfläche in ihrer glatten, halbkugeligen Form dem Beschauer keine Gelegenheit mehr gibt, Tiefenunterschiede wahrzunehmen, so fehlt bei verdunkeltem Raum dem Augenpaar der Maßstab für die Tiefe überhaupt; man gelangt daher leicht zu der Illusion des unendlichen Raumes." (Bauersfeld).

Die anfangs verwendete 200-Watt-Lampe hatte man sehr bald zur Erhöhung des Effektes durch eine von 500 Watt Leistung ersetzt. Den natürlichen Eindruck des Himmels ergänzte das mattschimmernde Band der Milchstraße, das in dem ersten Modell noch durch elf kleine gesonderte Projektoren auf der Fixsternkugel erzeugt wurde. Sogar eine Beschriftung der Sternbilder an der Kuppel war mit Hilfe von 30 kleinen Projektoren möglich, für deren Anordnung ebenfalls der Platz zwischen den Sternprojektoren ausgenutzt wurde. Zur einzelnen, unabhängigen Benutzung besaß jeder seine eigene kleine Lichtquelle. Ein Ring in Horizonthöhe und ein schwarzes Tuch darunter sorgten für die Ausblendung der unter den Horizont gerichteten Strahlen.

Der Name „Planetarium" drückt noch das ursprüngliche Anliegen, die Demonstration der Planetenbewegung am irdischen Sternhimmel aus. Bauersfeld erkannte bereits nach den ersten Untersuchungen: „Die epizyklischen, schleifenartigen Bahnkurven der Planeten auch nur in roher Annäherung unmittelbar mechanisch herzustellen, erwies sich als untunlich. Man mußte zu der einfachen kopernikanischen Darstellung der Himmelsbewegungen zurückgreifen, um auf mittelbarem Wege die richtigen Bahnkurven zu gewinnen."

Deshalb waren in sieben Etagen eines mit der Sternkugel verbundenen Gittergerüstes kleine heliozentrische Modelle ähnlich den früher üblichen Einrichtungen untergebracht. Der Unterschied bestand in der wesentlichen Neuerung, daß jeweils ein Projektor stets in der Richtung von der Erde zum betreffenden Planeten geführt wurde, der ihn damit auch in die gewünschte, von der Erde aus zu betrachtenden Richtung projizierte. Ein gemeinsamer Antrieb ermöglichte über entsprechende Getriebe den Ablauf eines Jahres wahlweise in vier Minuten, einer Minute bzw. in sieben Sekunden. In dieser Zeit vollendete die Sonne einen Umlauf durch die Tierkreisbilder. Im natürlichen Verhältnis dazu zogen die Planeten ihre Schleifenbahnen am Himmel, und auch der Mond präsentierte sich in seinen automatisch wechselnden Phasen entsprechend seinem Stand zur Sonne.

Durch eine Rotationsmöglichkeit der gesamten, aus Fixsternkugel und Planetengerüst aufgebauten Einheit um eine entsprechend der geographischen Breite von München geneigten Achse ließ sich der Auf- und Untergang aller dargestellten Gestirne zeigen. In verschiedenen Stufen der Zeitraffung verging ein Tag in vier Minuten, zwei Minuten oder 50 Sekunden. Interessant ist ein bei dieser Nachahmung der täglichen Bewegung zu beobachtender Effekt, den Bauersfeld mit den Worten beschreibt:

„Wenn die Tagesbewegung eingeschaltet wird, also der ganze Fixsternhimmel eine langsame Drehung um die Polachse ausführt, so unterliegt der Beschauer häufig, namentlich bei Beginn der Bewegung, noch einer anderen Täuschung. Bei verdunkeltem Raum ist man viel eher geneigt, die beobachtete Bewegung dem Fußboden zuzuschreiben, auf dem man steht, als dem strahlenden Sternhimmel." (Bauersfeld 1924 b).

Dieses historisch wertvolle Instrument hat den Krieg, an sicherem Ort verwahrt, wohlbehalten überstanden, so daß es am 7. 5. 1951, also auf den Tag genau 26 Jahre nach der ursprünglichen Einweihung, wieder in Betrieb genommen werden konnte. Wegen einer Beschädigung der Kuppel im Krieg war lediglich ein anderer Ort für die Aufstellung im Museum ausgewählt worden. 1960 mußte es einem neueren Gerät Platz machen. Nach einer kurzzeitigen Ausleihe an das Max-Planck-Institut nahm es seinen Platz als Ausstellungsstück im Museum ein. 1987 ging das Gerät erneut auf Reisen. Es bildete die Attraktion in der Ausstellung zum zehnjährigen Bestehen des Stuttgarter Planetariums.

Das parallel gefertigte zweite Exemplar

Bild 2.11
Projektionsplanetarium, Modell I, in der 9,8-m-Gipskuppel im Deutschen Museum in München, eröffnet am 7. 5. 1925

war nach der Benutzung für die öffentlichen Vorführungen auf dem Fabrikdach ab 1926 in Düsseldorf und von Juni bis September 1927 auf der Gewerbe- und Gartenbauausstellung in Liegnitz (heute Legnica/Polen) in einer 13-m-Holzkuppel mit viel Erfolg demonstriert worden. Es fand schließlich im Verlagsgebäude des Haagschen Courant in Den Haag in einer 11,8-m-Kuppel seine endgültige Aufstellung. Leider ist es nach rund 40-jährigem Einsatz einem Brand zum Opfer gefallen.

Dieses Gerät verfügte bereits über einige Verbesserungen gegenüber dem Münchener Gerät. Beispielsweise ließ sich das gesamte Gerät durch Betätigung eines Handrades geringfügig kippen, so daß der Sternhimmel auch für weitere geographische Breiten zwischen 49° und 68° eingestellt werden konnte. Horizontlichter an der Ost- und Westseite simulierten die Morgen- und Abenddämmerung. Weitere hinzugefügte Projektoren lieferten Himmelskreise für den Astronomieunterricht, und zwar ein Projektor am Unterbau den Meridian und eine kleine Kugel am Ort des Ekliptiknordpoles der Sternkugel die Ekliptik und den Äquator zusammen mit einem Stück des äquatorialen Gradnetzes.

Daten zum ersten Projektionsplanetarium in einer Übersicht:

72 Projektoren auf der Sternkugel
- 31 für Sternfelder
- 11 für die Milchstraße
- 30 für Namen von Sternbildern

9 Projektoren im Planetengerüst
- 2 für die Sonne
- 2 für den Mond (siehe Erklärung beim Phasenmechanismus)
- 5 Projektoren, je einer für die Planeten von Merkur bis zum Saturn

4500 Sterne bis zur Größenklasse 6,0

Durchmesser der Sternscheibchen in der 10-m-Kuppel
- schwächste (6^m) 2,3 mm
- helle Sterne (1^m) 23 mm
- Sirius etwa 70 mm

Lichtquellen
- ursprünglich Nitralampe 200 W, später 500 W für die Sternfelder und die Milchstraße
- je eine 6-V-Lampe in jedem der 30 Namenprojektoren

Tageslauf	Jahreslauf
50 Sekunden	7 Sekunden
2 Minuten	1 Minute
4 Minuten	4 Minuten

Neigung der Tagesachse zum Horizont
48°

70 Jahre Projektionsplanetarien

☉ Die Planetariums-Institution

☉ Im Auftrag des Deutschen Museums war nach einem großen Modell zur Demonstration von Sternen, Sonne, Mond und Planeten aus geozentrischer Sicht gefragt worden. Der in Jena letztlich eingeschlagene Lösungsweg bot aber mehr, als ursprünglich verlangt war. Insbesondere stellten sich, sogar zur großen Überraschung seiner eigenen Schöpfer, immer neue Darstellungs- und Anwendungsmöglichkeiten heraus. Das Gerät bot in dieser Hinsicht direkt die Möglichkeit zum Experimentieren. Das gewählte Prinzip der Zusammenstellung einer Vielzahl bewegter Projektoren erwies sich als wesentlich erweiterungs- und ausbaufähig. Der Projektor stellte kein abgeschlossenes, einmaliges Objekt dar. Der durchschlagende Erfolg legte die Aufnahme einer Serienproduktion nahe.

Mit der Eröffnung der ersten Einrichtung am 7. 5. 1925 öffneten sich auch im übertragenen Sinne Türen zu einer Öffentlichkeitsarbeit, die damals vieleicht erahnt, aber in ihrem vollen Umfange keinesfalls erfaßt werden konnte. Statt des ursprünglichen Museumsmodells entstand eine eigenständige Institution. Der Begriff „Planetarium" ist mehrdeutig geworden. Er bezeichnet einerseits nach wie vor die Geräteanlage, andererseits auch die gesamte Institution. Dementsprechend nimmt die Planetariumsentwicklung seit dieser Zeit komplexe Gestalt an.

Neben der Vervollkommnung der Gerätetechnik existiert eine Gebäudeentwicklung, die, ausgehend von der als Hilfseinrichtung fungierenden Projektionsfläche, zu einer eigenständigen Gestaltungsrichtung in der Architektur bei der Schaffung von Sternentheatern und Wissenschaftszentren führte. Auch bei der Vorführgestaltung entwickelte sich aus der „Ein-Mann-Instrumenten-Demonstration" die Beschäftigung eines gesamten Teams von Wissenschaftlern, Technikern und Künstlern.

Verfolgen wir zunächst weiter die Geräteanlage und die Einordnung ihrer 70jährigen Geschichte in die große Linie der Entwicklung von Himmelsmaschinen über die Zeit von reichlich 2000 Jahren. Der großen Vielfalt wegen soll das der Reihe nach von verschiedenen Gesichtspunkten aus geschehen.

◐ Die Charakterisierung der Entwicklung nach dem äußeren Erscheinungsbild der Geräte

◐

Das Modell II; der Projektor verändert sein Aussehen

Eine erste, bereits äußerlich deutlich sichtbare Weiterentwicklung begann schon zu einer Zeit, als das Muster noch nicht einmal ausgeliefert war. Das ursprüngliche Gerät war für die Darstellung des Himmelsanblikkes von München konzipiert und gebaut worden. Diese Bindung an einen festen Ort empfand man sehr bald als Einschränkung, von der man sich schon beim Zwillingsexemplar durch eine geringe Kippmöglichkeit zu befreien suchte.

Neben vielen Hinweisen zu Änderungen und weiteren Verbesserungen sowohl durch die Erbauer selbst als auch durch die Zuschauer während der ersten Demonstrationen, war es neben Bauersfeld wohl im wesentlichen Walter Villiger, der damalige Leiter der Astro-Abteilung in der Firma Carl Zeiss Jena, der noch im Jahre 1924 den Vorschlag unterbreitete, die geringfügige Kippung zu einer unbegrenzten Drehbarkeit des gesamten Projektors zu erweitern. Das

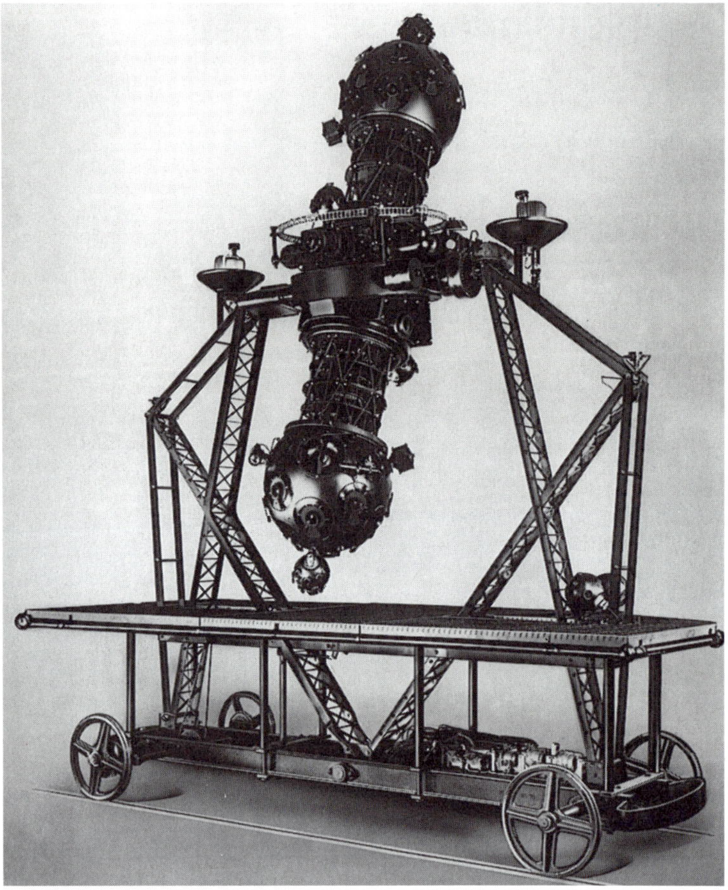

Bild 2.12
Erster hantelförmiger Planetariumsprojektor, 1926, Länge der Hantel (einschließlich der kleinen Projektionskugeln) 3,65 m

bedeutete eine völlige Umgestaltung. Anderenfalls hätte bei größeren Kippungen das nach oben stehende Planetengerüst einen erheblichen Teil des südlichen Sternhimmels abgeschattet.

Die Lösung stellte der hantelförmige Projektor dar, bei dem aus Symmetrie- und Gleichgewichtsgründen sowohl die Sternkugel als auch das Planetengerüst in zwei Hälften aufgeteilt wurde. Das zentrale Mittelstück bot damit gleichzeitig Platz zur Unterbringung von Motoren und Getrieben.

Durch die beiden außen liegenden Fixsternkugeln gelang die komplette, lückenlose Darstellung des gesamten Himmels. Ihren Durchmesser vergrößerte man bei dieser Gelegenheit von 50 auf 75 cm. Die vorher konusartig nach außen ragenden Sternprojektoren ließen sich auf diese Weise in die Kugeln integrieren. Insbesondere gelang damit auch die Unterbringung der größeren, lichtstärkeren 1000-Watt-Lampe anstelle der früheren von 500 W als wesentliche Voraussetzung für die angestrebte Verwendbarkeit des Projektors in größeren als 10- und 16-m-Kuppeln. Aus gleichem Grund erhielt Sirius, der hellste der Fixsterne, seinen eigenen an der Südkugel montierten Projektor.

In Anpassung an die größere Kuppel hatte man auch die Anzahl der projizierten Sterne von 4500 auf 8900 erhöht und somit den erfaßten Größenklassenbereich von 6,0 auf 6,55 erweitert. Ein zylinderförmiger, nach einem neuen Prinzip gestalteter Milchstraßenprojektor an jeder der beiden Kugeln ersetzte die bisherigen elf Einzelprojektoren. Auch die zur Darstellung der Sternbildnamen dienenden Projektoren hatte man in zwei kleinen Kugeln zusammengefaßt und jeweils zwischen drei Fixsternprojektoren am Ort der Ekliptikpole nach dem Beispiel des ersten Zwillingsgerätes abschattungsfrei angesetzt. Dafür kamen 17 röhrenförmige Einzelprojektoren zur Erzeugung von Nebeln und Sternhaufen auf den Kugeln neu hinzu.

Die aus Stabilitätsgründen verstärkten Gitterstäbe in den Planetengerüsten führten zu einer störenden Abschattung bei der Projektion. Der Ausweg bestand in der Schaffung von Doppelprojektoren für Sonne, Mond und Planeten. Der freie Platz am Mittelstück und Unterbau konnte für weitere kleine Kugelprojektoren zur Darstellung von Elementen der astronomischen Koordinatensysteme genutzt werden.

Der Hantelprojektor, der eine Länge von über drei Meter erreichte, hing in einem leiterartigen Gittergerüst. Das gesamte Gerät stand auf einem Wagen, der auf Schienen zur Seite gefahren werden konnte. Das geschah aus Gründen der weiteren, vielseitigen Nutzung des Kuppelsaales. Die im Kuppelzentrum befindliche Gerätemitte erreichte damit bereits eine Höhe von 3 m über dem Fußboden.

Daten zum ersten Hantelprojektor von 1926:

119 Projektoren

Sternkugeln
32 Fixsternfelder
1 Sirius
17 Nebel
2 Milchstraße
32 Sternbildnamen und Präzessionsskale

Planetengerüste
2 Sonne
2 Aureole
2 Gegenschein
2 Mond
10 jeweils 2 für die 5 Planeten von Merkur bis Saturn

Mittelstück
12 Äquator, Ekliptik, äquatoriales Gradnetz, Himmelspole
1 Jahreszahlanzeige

Unterbau
4 Meridian
weiße und blaue Kuppelbeleuchtung und Horizontlichter

7 Motoren
2 für Tagesbewegung
3 für Jahreslauf
1 für Polhöhenänderung
1 für Präzessionsbewegung

Masse
Hantel 1 700 kg
Gesamtgerät 2 500 kg

Teileanzahl
Gesamteinzelteile 29 000
Teile unterschiedlicher Art 2 000
Zahn- und Schneckenräder 170
Kugellager 230

Diese Werte änderten sich bereits nach wenigen Jahren aufgrund von Weiterentwicklungen.

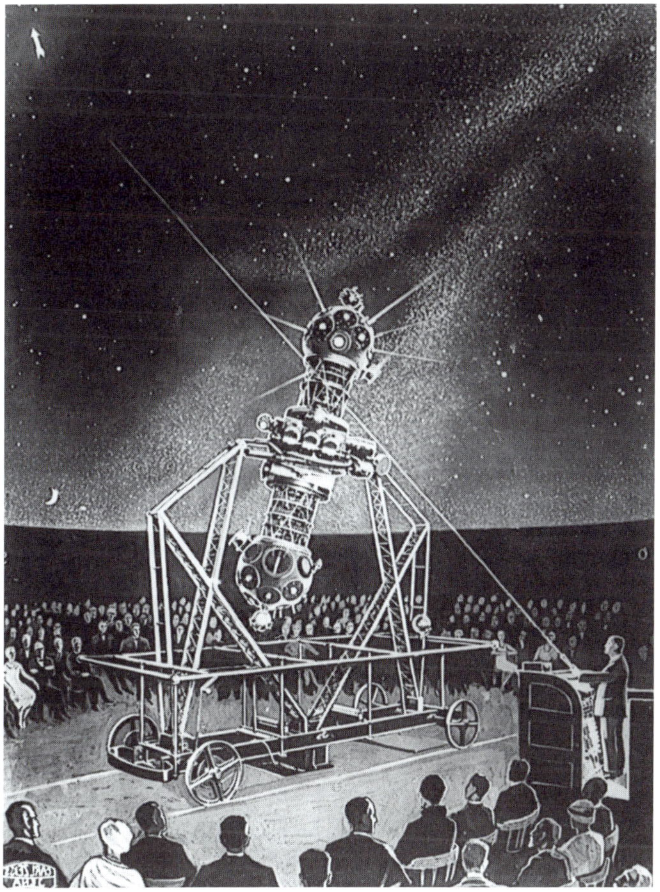

Bild 2.13
Modell II des Zeiss-Projektionsplanetariums während einer Vorführung im Jenaer Planetarium, 1926

Trotz der notwendigen völligen Umkonstruktion waren noch im Jahre 1926 die ersten fünf Planetariumsinstitutionen, ausgerüstet mit einem solchen „Universalprojektor“, eröffnet worden, weitere 20 folgten bis zum Zweiten Weltkrieg.

Die Weiterentwicklung des Zeissschen Universalprojektors

Die Planetariumsgeschichte nach dem Krieg ist geprägt durch die zwangsweise Aussiedelung führender Spezialisten aus Jena durch die Besatzungsmächte (Kommentar des amerikanischen Offiziers: „We take the brain“, „Wir nehmen den Kopf“). Das betraf auch

Bild 2.14
Das weiterentwickelte Großplanetarium aus Jena in Budapest, 1977

Bild 2.15
Ausschnitt vom Morrison-Projektor, hergestellt an der Kalifornischen Akademie in San Franzisko, 1948 bis 1952
(linkes Bild Seite 55)

Bauersfeld. Sein heftiger Einspruch hatte zur Folge, daß er sogar als erster Jena verlassen mußte. Die damit begonnene, unglückselige Trennung führte zu einer Weiterentwicklung der Zeiss-Planetarien sowohl in Jena als auch in Oberkochen. An beiden Orten mußte praktisch von vorn begonnen werden.

In Jena waren keine Zeichnungsunterlagen mehr vorhanden. Die Erfahrungen der verbleibenden Mitarbeiter und das zum Glück unbeschädigte Instrument im Jenaer Planetarium stellten die einzigen verfügbaren Informationsquellen dar. Trotzdem führte die 1948 unter der Leitung des Entwurfsingenieurs Fritz Pfau begonnene Neuentwicklung bereits 1951 zur Auslieferung des ersten Nachkriegsgerätes nach Stalingrad (heute Wolgograd).

Auch die anschließend intensiv betriebene Weiterentwicklung in Jena brachte in Abständen von einigen Jahren immer neue Gerätemodelle hervor, bei denen aber grundsätzlich die bewährte Hantelform für den Projektor beibehalten wurde. Die äußeren Merkmale lassen deutlich die große Linie vom offenen Gittergerüstaufbau auf fahrbarem Wagen über den festen großen Unterbau mit mehrfarbigem Lichtring und der Drehbarkeit um eine vertikale Achse bis hin zur geschlossenen Geräteform von 1984 erkennen.

Auch in Oberkochen mußte die Planetariumsentwicklung praktisch aus dem Nichts heraus von neuem beginnen. Der wesentliche, nicht zu unterschätzende Vorteil bestand hier in den zur Verfügung stehenden Erfahrungen von Bauersfeld und seinem enormen Einsatz beim Neuaufbau des Betriebes. Auch hier führten intensivste Anstrengungen zur Auslieferung des ersten Nachkriegsgerätes 1953 nach Brasilien. Diesem als Modell III bezeichneten Gerät folgten in der Weiterentwicklung die Geräte bis zum Modell VI in der Mitte der 70er Jahre, bei denen ebenso die Hantelform das äußere Aussehen des Projektors bestimmte.

Diese Veränderungen waren natürlich an beiden Orten mit ständigen Weiterentwicklungen verbunden wie die Steigerung der Positionsgenauigkeiten, Verbesserungen der Abbildungsoptiken, Verkleinerung der Sternscheibchen an der Kuppel, Erhöhung der Lampenleistung oder die Einführung von farbigen Bildinhalten.

Abweichungen von der Hantelform

Der Ablauf des Patentschutzes eröffnete auch anderen Firmen die Möglichkeit zum Bau von Planetarien. Ein steigender Bedarf begünstigte zusätzlich eine solche Entwicklung. Die

Vielfältigkeit fand bereits ihren Ausdruck in der äußeren Geräteform. Dieselbe Hantelform besaßen zunächst auch die, nur für kurze Zeit Ende der 50er Jahre von der japanischen Firma Kowa Optical Works der Kofuko Sangyo Company gefertigten Geräte und ebenso die seit 1958 in Osaka, Japan, gefertigten „Minolta"-Planetarien, wenn es auch verschiedene funktionelle Unterschiede gab.

Einige Besonderheiten wies dagegen der 1950 von Armand Spitz in Yorklyn, Delaware, USA, begonnene und 1954 in Montevideo installierte Hantelprojektor vom sogenannten Modell B insofern auf, als er statt durch einen Unterbau über Seile an Trägern hinter der Projektionsfläche und am Fußboden befestigt war. Die 91 cm großen Fixsternkugeln erzeugten die 54 hellsten Sterne durch individuelle kleine Linsen und die Mehrzahl, 3050 Sterne, durch eine Lochprojektion. Auch in einer Weiterentwicklung von 1963 verliehen die projektorlosen Kugeln und zusätzlich der Einsatz eines noch zu erwähnenden Prinzipes bei der Planetendarstellung dem Hantelprojektor ein andersartiges Aussehen.

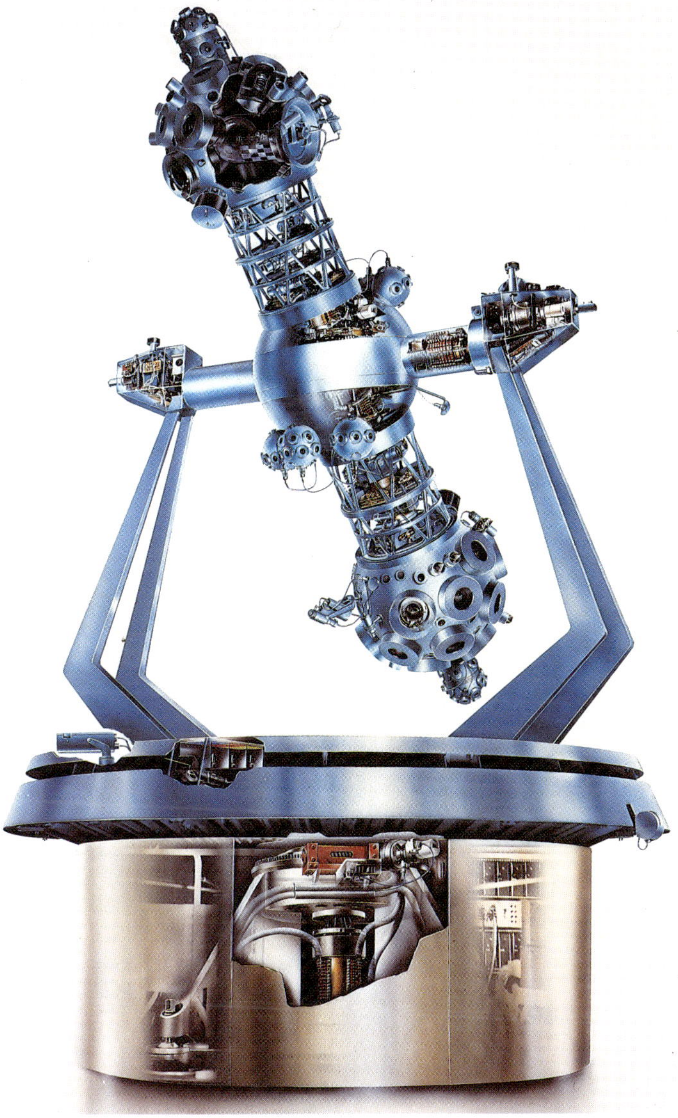

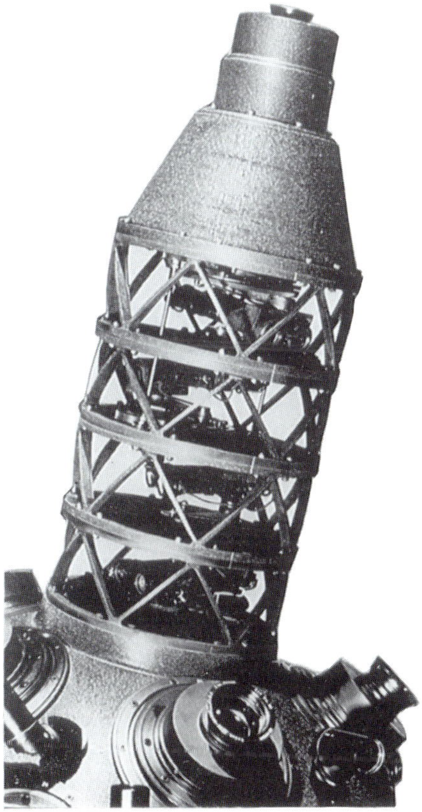

Bild 2.16
Beispiel eines modernen Großplanetariums für ebene Kuppeln, Cosmorama aus Jena, 1984

Die Schaffung eines völlig anderen Geräteaufbaus hatte folgende Vorgeschichte. An der Kalifornischen Akademie der Wissenschaften in San Franzisko gab es ein wachsendes Interesse für den Bau eines Planetariums. Erste Kontakte zwischen dem damaligen Präsidenten und der Firma Carl Zeiss in Jena gehen bis auf das Jahr 1931 zurück. Aber erst ein Jahrzehnt später konnten viele Spender für die Idee gewonnen werden. Insbesondere war 1944 die Summe von 200 000 Dollar aus der Stiftung des May Treat Morrison Trusts für den Bau eines Planetariums zur Verfügung gestellt worden.

Die Anfrage zum Kauf eines Projektors im Jahre 1945 erreichte aber Jena gar nicht mehr. Zum anderen hatte die Akademie 1943 eine leistungsfähige Werkstatt aufgebaut, um die fehlenden Importe optischer Geräte durch eigene Fertigungen zu ersetzen. So fiel 1948, nach längerer Inspektion des Zeiss-Gerätes in Los Angeles, die Entscheidung zum Eigenbau eines Planetariums. Da man auf keine Zeichnungsunterlagen zurückgreifen konnte, führte die Improvisation auch zu andersartigen Lösungen.

Der größte Unterschied zum Zeiss-Hantelprojektor besteht in der Vertauschung von Fixsternkugeln und Planetengerüsten. Während die Sternkugeln unmittelbar am Mittelstück ansetzen, folgen erst im Anschluß daran die Etagen für die Planetenprojektoren. Als Abschluß wird damit aber auf beiden Seiten noch je ein einzelner Sternfeldprojektor nötig, um die durch die Planetengerüste ausgeblendeten Gebiete am Sternhimmel auszufüllen. Neben einigen zusätzlichen Projektoren für den Astronomieunterricht waren außer Sirius noch weitere helle Sterne durch Sonderprojektoren dargestellt.

Der Projektor erhielt durch diese Anordnung ein etwas plumpes Aussehen. Das vier Meter lange Gerät besaß eine Masse von 3 630 kg. Diese Art von Geräteaufbauten ist seitdem unter dem Namen Morrison-Typ bekannt.

Planetarien nach dem Morrison-Typ fertigt heute noch die japanische Firma Goto Optical Manufacturing Company in Tokio, nachdem sie zwar 1958 als erstes Gerät auch einen Hantelprojektor gebaut hatte, sich aber danach ausschließlich der anderen Form bediente.

Eine völlige Abweichung vom klassischen Aufbau stellte wiederum ein Eigenbau, und zwar von den Brüdern John und Frank D. Korkosz in Boston, USA, aus dem Jahre 1958 dar. Dieses Gerät in Zigarrenform besitzt mehrere Etagen. Ganz außen versorgt je eine 1 000-Watt-Lampe in kleinen Halbkugeln 44 Einzelprojektoren für die hellsten Sterne. Nach innen zu folgen als nächstes Doppelprojektoren für Sonne, Mond und Planeten bis zum Uranus und danach vier Viertelkugeln mit je zwei 500-Watt-Lampen für die Sterne dritter und vierter Größenklasse und zwei 250-Watt-Lampen für die von fünfter und sechster Größe. Insgesamt projizieren die beiden Halbkugeln und acht Viertelkugeln über 9 600 Sterne.

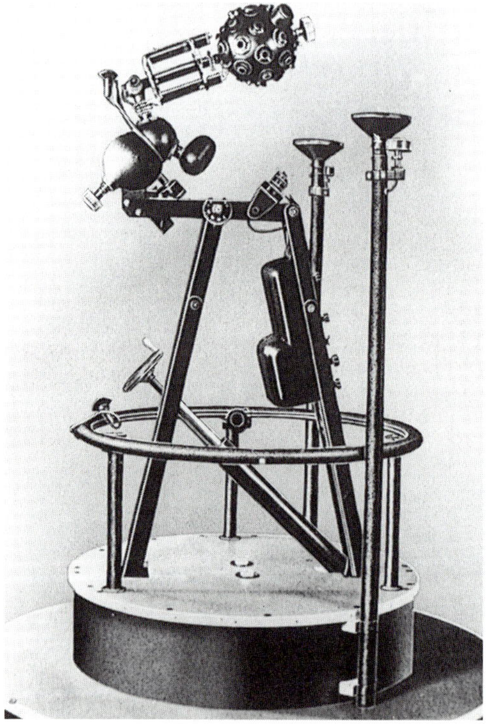

Bild 2.17
Erstes optisch projizierendes Kleinplanetarium, ZKP1, Jena, Fertigung seit 1941

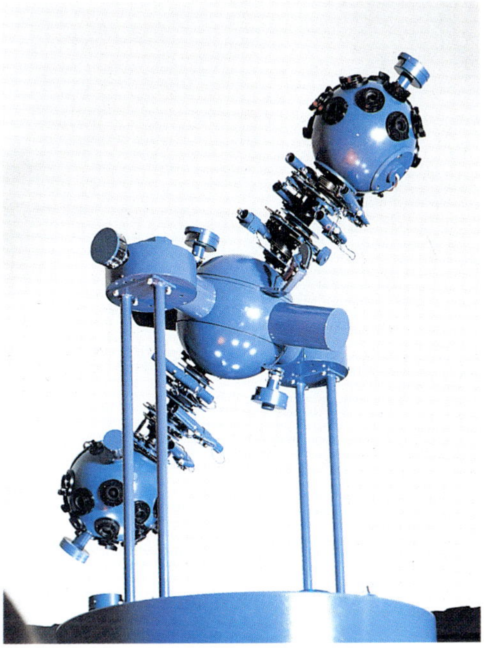

Bild 2.18
Hantelförmiger Kleinprojektor, Länge der Hantel 1 m, ZKP2, Jena

Eine äußerlich auffällige Formänderung erfuhren die Projektoren in einem speziellen Zweig der Planetariumsentwicklung in der jüngsten Vergangenheit, über die bei den geneigten Kuppeln berichtet wird.

So entwickelten sich mannigfaltige Variationen im Aufbau der Planetarien, wobei aber der ursprüngliche Hantelprojektor die dominierende Geräteform darstellt.

◐ Die kleinen Geschwister des Universalprojektors als Schulmeister

◐ Das Planetarium wurde mit Recht als eines der bedeutendsten Lehrmittel bezeichnet. Aber gerade für die Schulen und astronomischen Bildungsstätten lagen die großen, hauptsächlich für Kuppeln von 20 und 23 m Durchmesser gebauten Geräte praktisch außerhalb deren finanzieller Möglichkeiten. Bei diesen Institutionen zeichnete sich aber, besonders in der Zeit der beginnenden Raumfahrt, ein steigender Bedarf an solchen idealen Lehreinrichtungen ab. Die Folge war eine rasch anwachsende, vielseitige Fertigung von Kleinplanetarien.

Die Entwicklung begann noch während des Krieges wiederum in Jena mit einem Gerät vorwiegend für 6-m- und 8-m-Kuppeln. Von diesen als Kriegsproduktion gefertigten Instrumenten entstanden zunächst 19 Stück, während das von 1953 bis 1975 in Serie gebaute Gerät mit rund 250 Exemplaren weltweit eingesetzt wurde.

Bild 2.19
Erstes, nach dem Prinzip der Lochprojektion arbeitendes Planetarium, 1935, Konstruktion: Kiehlmann, Fertigung: Unglaube in Glogau (heute Glogow/Polen), Durchmesser der Sternkugel 40 cm, Museum Borlänge/Schweden

Das kleine Instrument, auf den ersten Blick ein Abbild des Münchener Einkugelprojektors, aber mit einer Polhöhenverstellung von 0° bis 90° und einer Präzessionsbewegung, projizierte nach dem Prinzip der großen Geräte rund 5800 Sterne bis zur reichlich sechsten Größenklasse. Stabförmige Projektoren für Sonne, Mond und Planeten konnten gemäß ihrer jeweiligen Position an verschiedenen Halterungen unterhalb der Sternkugel eingesetzt und auch von Hand gegenüber den Sternen bewegt werden. Entsprechend ihrer Hauptanwendung für die Volksbildung und an Nautikschulen, war besonderer Wert auf die Darstellung astronomischer Hilfslinien gelegt.

Ähnlich wie bei den großen Geräten war dieses „ZKP 1" 1975 durch einen Hantelprojektor von nur 1 m Länge mit einer eleganten, fast zierlichen Getriebebewegung für die Projektoren von Sonne, Mond und Planeten und einem getrennt stehenden Bedienpult als „ZKP 2" abgelöst worden.

Mit einer verkleinerten Nachbildung des Morrison-Gerätes von San Franzisko trat die japanische Firma Goto 1959 zur internationalen Messe in Tokio auf, während die Firma Minolta in den 60er Jahren verschiedene hantelförmige Projektoren entwickelte.

Eine Bewegung zur Herstellung von extrem billigen Ausrüstungen hatte Armand Spitz in den USA 1947 ausgelöst. Er mußte allerdings dabei das Prinzip der sauberen optischen Projektion der Sterne aufgeben und ihre Darstellung durch eine Lochprojektion ersetzen. Der niedrige Preis wurde durch eine notwendigerweise damit verbundene geringe Bildqualität erkauft.

Korrekterweise muß gesagt werden, daß nicht, wie oft behauptet wird, Spitz der eigentliche Initiator für die Einführung der Lochprojektion beim Planetarium gewesen ist. Bereits 1935 gab es ein von G. Kiehlmann in Reichenbach konstruiertes und von der Firma E. Unglaube in Glogau (heute Glogow) gebautes Lochprojektionsgerät für eine 3-m-Kuppel. Neben der Sternkugel von 400 mm Durchmesser besaß es getriebebewegte Projektoren für Sonne, Mond und Planeten, eine motorgetriebene tägliche Rotation und eine von Hand bedienbare Polhöhenänderung. Dieses Gerät ist, wenn man von der fehlenden optischen Projektion der Sterne absieht, das allererste Kleinplanetarium überhaupt. Glücklicherweise hat es auch den Krieg überstanden. Es befindet sich heute in der schwedischen Stadt Borlänge und wird nach einer derzeitigen Restaurierung der Öffentlichkeit im Museum zugängig gemacht werden.

Nur zwei Jahre später, 1937, erzeugte F. Korkosz mit einer drehbaren 1,5-m-Kugel auf die gleiche Art einen Sternhimmel in einer 10,4-m-Kuppel im Museum für Naturgeschichte in Springfield, Massachusetts, USA.

Ebenfalls ein Lochprojektionsplanetarium in einer 6,3-m-Kuppel schuf der Lehrer W. Park für den Unterricht an der Forest Hill

Bild 2.21
Eines der ersten Lochprojektionsgeräte in Dodekaederform, Typ A1 der Firma Spitz im Planetarium Ann Arbor/USA, eröffnet 1956

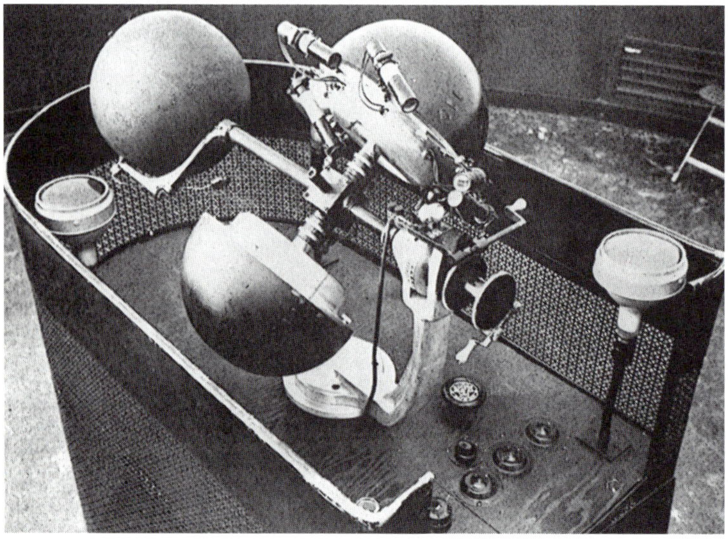

Bild 2.20
Annonce für ein Lochprojektionsplanetarium der Firma Peerless in der Zeitschrift Sky and Telescope, Juni 1947

Bild 2.22
Modellbogenplanetarium
von K. Hünig

Village School in Toronto, Kanada. Der Erfolg ermutigte ihn 1946 zur Gründung der Firma Peerless Planetarium Company Ltd. für hantelförmige Kleinplanetarien mit von Hand einstellbaren Projektoren für Sonne, Mond und Planeten. Sie existierte nur wenige Jahre. Der Preis von 4000 Dollar war für den doch relativ unrealistischen Sternhimmel der Lochprojektion zu hoch.

Der Vorzug der Firma Spitz bestand dagegen darin, daß sie einen äußerst einfachen, aus zwölf perforierten Plastikplatten zusammengesetzten regelmäßigen Zwölfflächner mit einer 10-Watt-Lampe im Inneren zur Darstellung von 500 Sternen sowie einer kleinen Trommel zur verstellbaren Schattenprojektion von Sonne, Mond und Planeten als Modell A für nur 500 Dollar anbot. Dieser Kleinprojektor erfuhr in der Folgezeit bis zur Gegenwart verschiedenste Modifikationen. Die erste bestand im Einsatz von je einer kleinen Einzellinse für jeden der hellsten Sterne, die aber ebenfalls ein Bild der Lampenwendel als Sterne an der Kuppel erzeugte. Es erfolgte der Übergang vom Dodekaeder zur Kugelform und schließlich der Einsatz eines von W. Frank zum Patent angemeldeten Planetenmoduls, der dann auch in den großen Hantelprojektor übernommen wurde.

Erstaunlich sind die Leistungen beim Eigenbau von Kleinplanetarien auf der Grundlage privater Initiativen. Beispiele dafür sind das vom Lehrer Winkler in einer Leipziger Schule gebaute Kleinplanetarium und der nach dem Vorbild des großen Zeiss-Modells geschaffene Projektor im Richard-Fehrenbach-Planetarium in Freiburg.

Eine Besonderheit unter den kleinen Geräten stellen transportable „Wanderplanetarien" für den Astronomieunterricht in entlegenen Orten dar. Bereits für das erste Kleinplanetarium aus Jena war eine regenschirmartige Kuppel zum Zwecke des raschen Auf- und Abbaus entwickelt worden. Eine kuriose Lösung ist die mit einem Kompressor versehene, aufblasbare Kuppel der amerikanischen „Starlab-Variante", bei der die Besucher ins Kuppelinnere klettern müssen. Ein sehr einfacher, leicht zu transportierender Plastikzylinder dient dabei zur Lochprojektion der Sterne. Für diesen Zweck werden vielerorts auch einfache Eigenbaugeräte verwendet.

Die Reihe der „Kleinplanetarien" setzt sich fort in Tischvarianten, beispielsweise der Firma Baader in München oder von Viewlex aus den USA bis hin zum „20-Zoll-Planetarium" von K. Hünig nach dem Vorbild der Weigelschen Kugel.

Es ist fast überflüssig zu erwähnen, daß neben den Groß- und Kleingeräten auch die verbleibende Lücke für mittlere Kuppelgrößen von mehreren der erwähnten Hersteller geschlossen wurde. Beispiele dafür sind das seit 1967 gefertigte und neben einer Vielzahl astronomischer Funktionen auch mit Raumfahrteffekten ausgestattete Raumflugplanetarium aus Jena, das 1981 für Kuppeln von 10 bis 15 m in Oberkochen entwickelte M 1015 sowie die Geräte MS 10 und MS 15 von Minolta und GX 10 und GM 15 von Goto. Damit ist heute der gesamte Bereich von Kuppeln mit Durchmessern von einigen wenigen bis zu rund 30 m mit entsprechenden Geräteangeboten überdeckt.

Bild 2.23
Schaltpult für den ersten Hantelprojektor von 1926.

⊙ Von der Handkurbel bis zur Rechnersteuerung

⊙ Ein weiterer Aspekt der Planetariumsentwicklung während der 70 Jahre, der auch rein äußerlich, nämlich an der Gestalt der Bedienpulte zu erkennen ist, stellt die Entwicklung der Steuerung dar. Dabei lassen sich deutlich vier Etappen unterscheiden.

– Bei den ersten Exemplaren stand der Vortragende direkt am Projektor und betätigte dort angebrachte Schalter, oder er besorgte die geringfügige Kippung beim Parallelgerät vom Modell I über die Betätigung einer Handkurbel. Auch in den Seriengeräten von 1926 an, bei denen der Bedienende bereits getrennt vom Projektor seinen Platz an der Kuppelperipherie hatte, bestand das Pult auch nur aus einer Schalttafel, an der ebenfalls Handkurbeln an Rheostaten zum Dimmen der Raumbeleuchtung oder Stöpsel zum Ändern von Geschwindigkeiten der Bewegungen bedient werden mußten. Das heißt, es handelte sich um Steuerungen, für deren Benutzung der Begriff „Handbedienung" recht zutreffend ist.

– Die nach 1945 verwendeten Steuerungen können als elektromechanische Varianten bezeichnet werden. Über eine Vielzahl von Tasten und Drehreglern auf dem Tableau des Pultes wurden Relais für Schaltvorgänge, Stelltransformatoren für Hell- und Dunkelsteuerungen von Lampen oder sogenannte Leonard-Umformer für die kontinuierliche Steuerung der Gerätemotoren angesprochen.

– Eine dritte Etappe begann mit der Automatisierung der Projektoren. Nach einigen Ansätzen in der Form von privaten Basteleien an Einzelexemplaren war die erste serienmäßig hergestellte und wahlweise benutzbare Automatik zu einem Planetarium die Mitte der 60er Jahre entwickelte Lochbandsteuerung für das Raumflugplanetarium in Jena. Jede Funktion, die während des Handbetriebes vom Bedienenden durch die Benutzung von Elementen am Pult ausgelöst werden konnte, ließ sich auch mit Hilfe eines zugeordneten Lochbandcodes aufrufen. Da die Erstellung eines Automatikprogrammes immer erst die Anfertigung des Lochbandes erforderte, wurde dieses Verfahren bald durch eine „direkte Programmierung" abgelöst, bei der gleichzeitig mit der Benutzung von Tasten ein entsprechendes Signal auf einem Magnetband gespeichert wurde, so daß eine einmal bediente Live-Vorführung anschließend sofort reproduziert werden konnte.

– Die vierte Etappe leitete der Computer ein. Er ermöglichte die Realisierung völlig neuer Prinzipien. Neben den später zu betrachtenden eigentlichen „digitalen Planetarien" seien aus der Vielzahl von Vorteilen stellvertretend zwei Beispiele zur Bedienung ausgewählt:

Das erste zeigt die Möglichkeit einer starken Reduzierung in der Anzahl der Bedienelemente bei gleichzeitiger Erweiterung der Darstellungen durch die Einführung sogenannter übergeordneter Funktionen. Die Anzahl der Tasten reduziert sich bereits auf die Hälfte allein durch die Schaffung eines „Revers-Elementes". Beispielsweise bewirkt die Benutzung der Taste „Fixsterne" allein ihre Hellsteuerung, die kombinierte Benutzung der Elemente „Reverse" und „Fixsterne" dagegen ihre Dimmung. Entsprechend bewirkt eine Zoom-Taste die Vergrößerung und die Kombination mit Revers die Verkleinerung eines Bildes. Die Tasten für übergeordnete Funktionen sind in ihrer Wirkung mit der „Control-" oder „Alt-Taste" am Rechner vergleichbar. Durch die kombinierte Benutzung wird die Bedeutung der Grundfunktion modifiziert. „Revers" ist nur eine unter vielen realisierten übergeordneten Funktionen.

Als zweites Beispiel demonstriert die Programmerstellung nach einem Teach-in-Verfahren die Erweiterung der Betriebsarten eines Planetariums. Ein intelligentes Bedienpult erzeugt Steuerkommandos in einer bestimmten Struktur. Ein solches Kommando löst die betreffende Funktion am Gerät aus, wird aber gleichzeitig in einem Speicher abgelegt. Für diese Speicherung und für die Funktionsausführung am Gerät ist es gleichgültig, ob dieses Kommando vom Bedienpult oder von einem zweiten Speicher kommt, in dem eine bereits vorher erzeugte Befehlsliste zur Abarbeitung bereitsteht. Aus beiden Richtungen werden die Befehle akzeptiert und entsprechend ihrer Zeitinformation ineinanderverschachtelt. Dieses Prinzip läßt damit folgende Betriebsarten zu: Live-Bedienung, direkte Programmierung, automatische Steuerung, Überbedienung bei Automatikbetrieb, Mischen, d. h. Erstellung eines Programmes in mehreren Läufen und die externe Programmierung am Rechner.

Eine Rechnersteuerung liefert darüber hinaus Bedienungserleichterungen durch Anzeigen am Bildschirm, beispielsweise in der Form aktueller Gerätestände oder als Hinweise bei der Gerätewartung. Sie erlaubt dem Bedienenden weiterhin die Erstellung eigener Funktionen wie den gewünschten Lichtwechsel an Veränderlichen Sternen. Mechanische Baugruppen sind mit Hilfe des Rechners durch Programme ersetzbar.

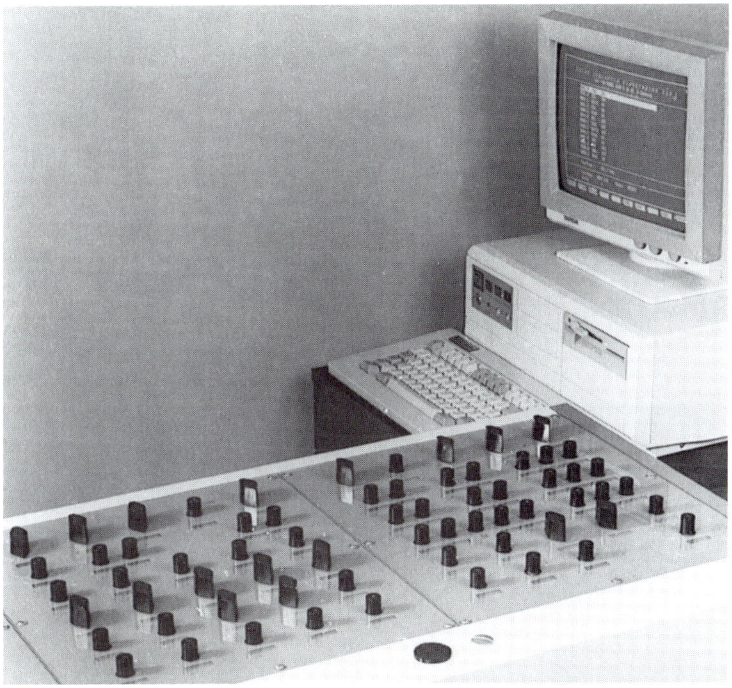

Bild 2.24
Schaltpult für ein Kleinplanetarium mit Rechnersteuerung, ZKP2, Jena, 1990

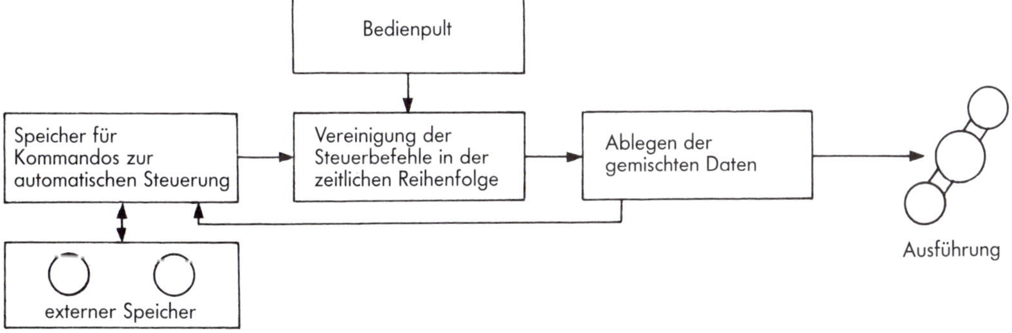

Bild 2.25
Schematische Darstellung für eine Steuerung nach dem „Teach-in-Prinzip"

⊙

Die steigende Anzahl von Gerätefunktionen

⊙ Das erste Gerät demonstrierte gemäß der Aufgabenstellung von München die Funktionen Fixsterne, Sonne, Mond und Planeten einschließlich ihrer Bewegungen. Die realisierte Projektion der Sternbildnamen stellte bereits eine Zugabe dar. Hier spiegelt sich die grundlegende Erkenntnis einer Erweiterungsfähigkeit wider, für die sich das gewählte Darstellungsprinzip direkt anbot. Es war eigentlich nur ein naheliegendes, folgerichtiges Weiterdenken, die Verwendung mehrerer Projektoren für die Erzeugung des Sternhimmels fortzusetzen durch die Ergänzung mit weiteren Projektoren für zusätzliche astronomische Bildinhalte.

Bild 2.26
Projektion von Sternbildfiguren und Hilfslinien im Planetarium Prag

Bemerkenswert ist gleichzeitig, daß mit diesem Schritt zur Darstellung von Beschriftungen auch erstmals das ursprüngliche Ziel der einfachen Himmelsnachbildung verlassen wurde. Es ist erweitert auf die Demonstration von in der Natur nicht sichtbaren, aber didaktisch wertvollen Ergänzungen. Das betrifft neben den Namen insbesondere die später hinzugefügten Linien, Skalen und Gradnetze der sphärischen Astronomie sowie die Sternbildfiguren.

Damit war aber auch eine bis in die Gegenwart reichende Bewegung des ständigen Hinzufügens von Funktionen zum Grundgerät in Gang gekommen. Hierbei lassen sich noch verschiedene angewendete Prinzipien unterscheiden:

– Ein erstes, besonders anfangs viel benutztes Verfahren besteht im einfachen Anbau von zusätzlichen Projektoren an das Grundgerät. Beispiele dafür sind die Projektoren für Äquator, Ekliptik, Meridian, das Nautische Dreieck bis hin zum vollständigen äquatorialen und ekliptikalen Gradnetz als Unterrichtshilfen. Der Wunsch, auch astrophysikalische Erkenntnisse zu veranschaulichen, brachte den Anbau der Einrichtungen für die Veränderlichen Sterne. Der Ersatz der Sternbildnamen durch bildhafte Darstellungen von Figuren unterstützte die Erzählung von Sagen und Mythen. Der Verkleinerung der Sternscheibchen diente die Benutzung von Extraprojektoren für die hellsten Sterne.
– Zum zweiten erzeugte die Bewegung des Bildinhaltes in Projektoren neue Effekte. So sorgte ein kleiner Motor im angebauten Kometenprojektor für die zusätzliche Verschiebung des Kometenbildes gegenüber den Sternen bei gleichzeitiger Größenänderung seines Schweifes. Eine mit der Polhöhenänderung verbundene Drehung einer Landkarte gestattete jeweils den Ausschnitt der Erd-

oberfläche abzubilden, von dem aus der Himmelsanblick gerade realisiert war.

– Eine dritte Methode ist die Integration von Funktionen in vorhandene Projektoren. Ein typisches Beispiel dafür ist der Einbau eines Mechanismus zur Demonstration der Finsternisse bei Sonne und Mond. Der Vorteil dieses Verfahrens besteht in der Teilnahme der hinzugefügten Erscheinung an den Projektorbewegungen, also beispielsweise in der naturgetreuen Demonstration des Finsternisablaufes während der täglichen Wanderung der Sonne bzw. des Mondes am Himmel.

– Schließlich brachte der Rechnereinsatz noch die softwaremäßige Erzeugung von Funktionen. So liegt es nahe, die unterschiedlichen Helligkeiten, in der uns die Planeten am irdischen Sternhimmel erscheinen, entsprechend ihrer Stellung zu Erde und Sonne laufend zu berechnen und die Lampen nach diesen Rechenergebnissen in ihrer Helligkeit zu steuern.

Die Anwendung dieser verschiedenen Prinzipien führte zu einer ständig steigenden Anzahl von Funktionen am Projektor. Der Trend läßt aber auch erkennen, daß die Konzentration von Darstellungen im Grundgerät ihr Maximum bereits überschritten und eine Verlagerung der Funktionen vom Zentrum an die Peripherie eingesetzt hat. Das bedeutet eine Steigerung bei den getrennt vom Hauptprojektor stehenden Zusatzeinrichtungen.

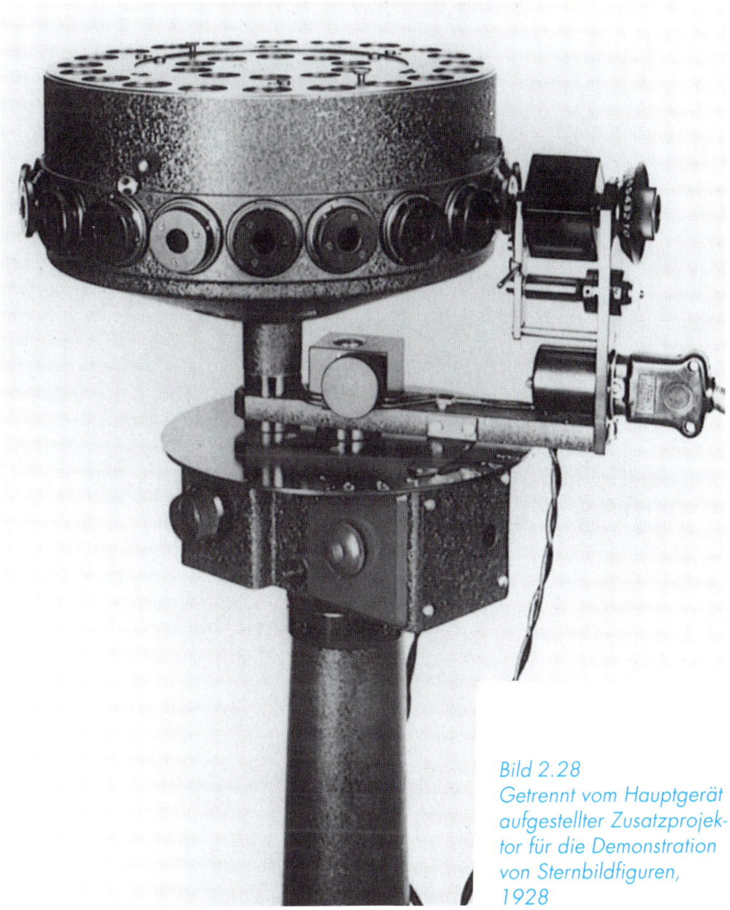

Bild 2.28
Getrennt vom Hauptgerät aufgestellter Zusatzprojektor für die Demonstration von Sternbildfiguren, 1928

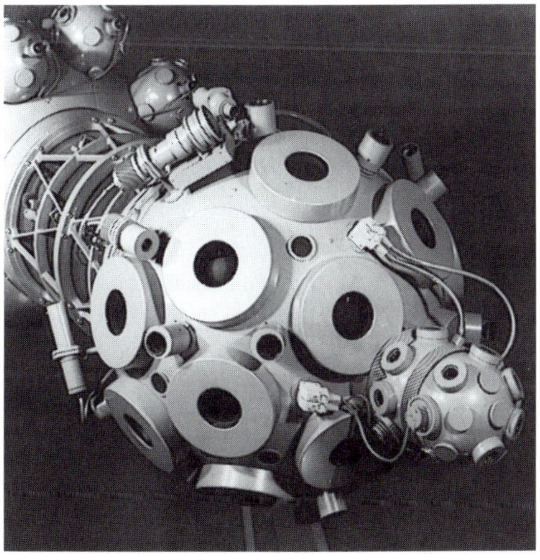

Bild 2.27
Die Möglichkeiten zum Unterbringen von Zusatzprojektoren am Grundgerät sind heute nahezu erschöpft; Cosmorama, Jena, 1984 (links)

◐ Die Einbeziehung der Kuppelperipherie in die Projektion

◐ Es war abzusehen, daß der Anbau von Baugruppen früher oder später ein Ende erreichen würde. Zum anderen ließ auch in einigen Fällen der räumliche Umfang oder der gewünschte Eingriff von Hand die Unterbringung am Grundgerät nicht zu. Es wurden deshalb solche Aufbauten einfach getrennt vom Hauptprojektor aufgestellt. Funktionell ist allerdings noch folgender Unterschied zu beachten. Einige Darstellungen, z. B. die

Sternbildfiguren, erfordern die feste Zuordnung zum Sternhimmel, eine Teilnahme an allen Gerätebewegungen und somit die Unterbringung am Grundgerät. Für andere dagegen, wie für die Darstellung des Sonnensystems vom Weltenraum aus betrachtet, ist eine getrennte Aufstellung sogar sinnvoll. Oft mußte allerdings auch ein Kompromiß eingegangen werden wie bei der externen Projektion von Sternbildfiguren, die dann nur in ausgezeichneten Gerätestellungen benutzbar ist.

Dieser steigende Einsatz von Zusatzgeräten begann mit der Aufstellung einiger weniger Projektoren, meist in Reichweite des Bedienenden. Es folgte eine Häufung am Bedienpult und schließlich die Einbeziehung der Peripherie. Die Anordnung bis zu einer Anzahl von 200 Projektoren unter dem Kuppelhorizont stellt heute keine Seltenheit mehr dar. Dabei haben sich Panorama-Darstellungen, also die Ausfüllung des Horizontbereiches mit Bildinhalt, auf der Grundlage von zwölf Kleinbilddiaprojektionen und Ganz-Kuppel-Überdeckungen durch sechs solche Projektionen schon zu einer Art Standard herausgebildet. Diese Entwicklung gipfelte im Einsatz abgeschlossener, selbständiger Anlagen, z. B. Film-, Multivisions- oder Lasereinrichtungen.

Dieser Prozeß der stetigen Zunahme in der Anzahl von Zusatzeffekten hält zwar heute nach wie vor an, aber ihre Realisierung erfährt einen grundlegenden Wandel durch den verstärkten Einsatz elektronischer Bilderzeugungsverfahren. Beispielsweise kann ein Videoprojektor mehrere mechanisch-optische Projektoren ersetzen. Die bisherige Steigerung in der Anzahl von Projektoren kehrt sich heute um in eine Reduzierung.

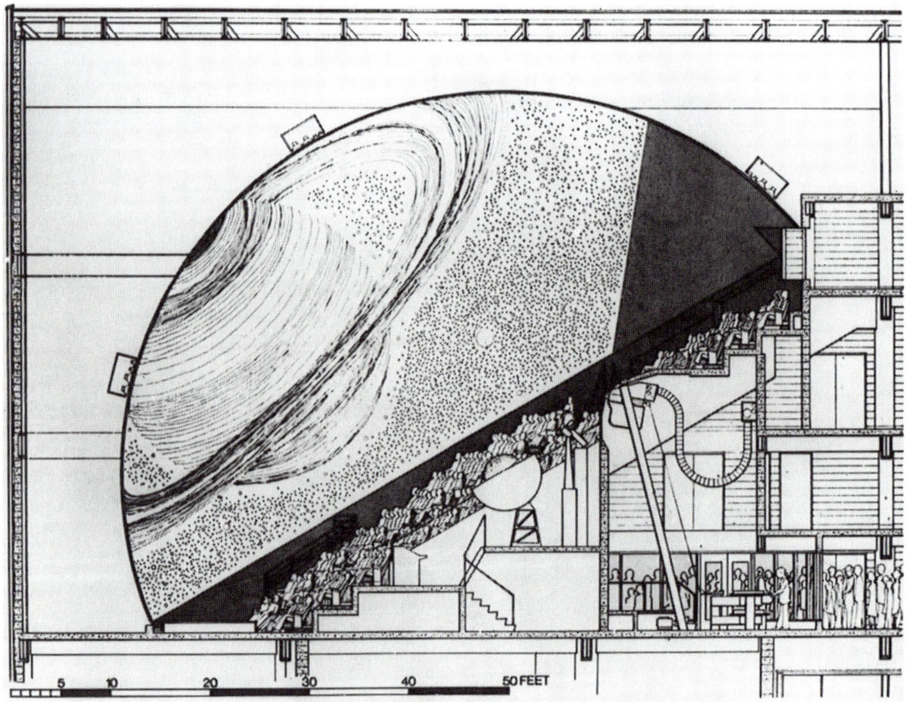

Bild 2.29
Schematische Darstellung für den Einsatz des „Omnimax-Filmprojektors" in einer geneigten Kuppel, Prospekt der Firma Imax, 1977.

Die Planetariumsmaschine im Amphitheater – die Erfassung der geneigten Kuppel

⊙ Neuartige Forderungen an das Planetarium im Raumfahrtzeitalter

⊙ Eine für die Planetarien erneut bedeutsame Entwicklung nahm ihren Anfang zu Beginn der 70er Jahre. Soweit sich die Ereignisse aus heutiger Sicht zurückverfolgen lassen, wurde bei der Konzipierung des Planetariums in San Diego/USA der Gedanke geboren, statt der ebenen eine geneigte Kuppel zu schaffen und damit auch nach einem dafür geeigneten Projektor sowie nach einer „Fischaugenfilmprojektion" zu fragen. Man hatte sicher damals nicht absehen können, welche Bewegung damit auf dem Gebiet der Planetariumsentwicklung ausgelöst wurde.

Daß sich eine solche Idee durchsetzen und zu einem eigenständigen Zweig von Planetarien führen konnte, liegt neben einer gezielten Werbung nicht zuletzt in einem gewachsenen Bedürfnis.

Mit der Einführung der Hantelform für den Projektor war die Erweiterung der Darstellung für eine feste geographische Breite zur Demonstration für beliebige Orte der Erde gelungen. Aber auch die verbliebene grundsätzliche Bindung an die geozentrische Betrachtungsweise, für die das erste Gerät ja konzipiert war, empfand man sehr bald – ganz besonders mit Beginn des Raumfahrtzeitalters – als wesentliche Einschränkung. Die Schaffung von Zusatzprojektoren für extraterrestrische Darstellungen wie der Blick vom Universum zurück auf unser Sonnensystem, die Betrachtung des Jupiters mit seinen Satelliten aus der Nähe oder der Effekt der in Phasengestalten erscheinenden, vor dem Sternhimmel rotierenden Erdkugel sind Bestrebungen zu ihrer Überwindung, die ihren Anfang schon in den 20er Jahren mit dem Bau des Sonnensystemprojektors genommen haben. Demselben Zweck dienten auch Versuche zur Benutzung nichtastronomiegebundener Geräteachsen (STP, 1964).

Weiterhin wirkte sich die durch die festen Getriebekopplungen in den Bewegungen von Sonne, Mond und Planeten verursachte Bindung an gegenwartsnahe Zeiträume als begrenzend aus. Der Entwicklung des Planetenmoduls durch Frank lag auch die Absicht zugrunde, diese Begrenzung zu mildern.

Darüber hinaus war das Planetarium seit den 60er Jahren, besonders in Amerika, auch mehr und mehr für Vorführungen eingesetzt worden, bei denen Show und Effekt Vorrang gegenüber Bildung und Lehre hatten.

Schließlich kann die Frage nach dem neuen Projektortyp nicht losgelöst von der Entwicklung einer weiteren neuartigen Gerätetechnik gesehen werden. Es ist die zur gleichen Zeit unter dem Namen „Omnimax" eingeführte und inzwischen populär gewordene Superweitwinkelfilmprojektion.

◐ Das Omnifilm-Theater

◐ Filmprojektoren waren gelegentlich schon früher als Zusatzeinrichtungen in Planetarien verwendet worden. Das Neue an dem in den 70er Jahren von der kanadischen Firma Imax entwickelten Omnimax-Projektor ist die fast vollständige Erfassung der gesamten Kuppel. Die Wirkung auf den Zuschauer ist beachtlich. Er befindet sich mitten in einer allseitig bewegten Farbbildszenerie.

Die Omnimax-Maschine ist zwar vom Grundaufbau her ein Filmprojektor, sie forderte aber den Einsatz neuer Technologien. Das wesentliche Problem bestand in der ausreichend hellen Ausleuchtung der gesamten

Bild 2.30
Einzelbild aus einem Omnimax-Film; Einsatz der Fischaugen-Aufnahme-Kamera während eines Space-Shuttle-Fluges

Kuppelfläche, die in einer 25-m-Kuppel immerhin schon eine Größe von fast 1000 m^2 besitzt. Die dazu notwendigen Bogenlampen von 12 000 W bedeuten eine außerordentlich hohe Wärmebelastung für den Film. Aus diesem Grunde wurde ein 70-mm-Filmformat gewählt, wobei die riesigen Filmrollen in genügend großem Abstand in der Etage unter dem Kuppelraum angeordnet sind. Von da läuft der Film durch speziell errichtete Kanäle über eine Strecke von rund 5 m hinauf zum Projektor und zurück. Selbst während der kurzen Zeit des Vorüberziehens des Filmes an der Lichtquelle sorgt eine Wasserkühlung für die Reduzierung des Wärmeeinflusses.

Um die gesamte Kuppelfläche mit Bildinhalt auszufüllen, wird eine Fischaugenoptik als Projektionsobjektiv eingesetzt. Entsprechend müssen auch für die Aufnahmen zur Erstellung eines Filmes ähnliche, mit Superweitwinkeloptiken ausgerüstete Kameras eingesetzt werden. Allerdings bleibt trotz dieser Anpassung eine prinzipiell nicht überwindbare Verzeichnung am Bildrand, die sich theoretisch aus der Transformation einer ebenen Bildfläche in eine kugelförmige erklärt. Diese speziellen Bedingungen lassen auch die hohen Herstellungskosten von rund drei Millionen US-Dollar für einen Film von 30 Minuten Laufzeit verständlich werden.

Diese Art der Filmprojektion erfordert eine Reduzierung des Reflexionsgrades der Projektionsfläche. Die bei der Sternprojektion üblichen Reflexionen von 80 % bis 90 % führen bei der Aufhellung der gesamten Kuppel zu Sekundärreflexionen und damit zur starken Reduzierung des Bildkontrastes. Dieser Einfluß läßt sich durch graue Flächen mildern (25 % bis 30 %).

Die Darstellung der Omnimax-Projektion ist durchaus nicht auf astronomische Bildinhalte ausgerichtet. Es gibt aber auch einige sehr eindrucksvolle Raumflugaufnahmen. Beispielsweise kam die Spezialweitwinkelkamera während eines Space-Shuttle-Fluges zum Einsatz. Die Gesamtkuppelprojektion vermittelt dem Zuschauer tatsächlich das Gefühl der Teilnahme am Flug. Unvergeßlich bleibt das Aufblitzen des schmalen Atmosphärensaumes um unsere Erdkugel bei Sonnenaufgang. Aber wesentlich häufiger zeigen die Omnimax-Filme Naturaufnahmen.

Eine von Anfang an viel benutzte Anwendung waren Landschaftsaufnahmen von einem Hubschrauber aus. Die Aufnahmekamera war zu diesem Zweck außen in Flugrichtung angebracht, und zwar schräg nach unten gerichtet. Für die Wiedergabe der Filme bot sich deshalb ebenfalls die Erweiterung der Projektion unter den Horizont in Blickrichtung der Zuschauer, d. h. die Benutzung einer geneigten Kuppel an.

Mit der Omnimax-Einrichtung entstand somit die neue Generation eines Kinos, das für die gleiche Kuppelart geeignet war wie der gewünschte neue Typ des Planetariumsprojektors, so daß sich eine Kombination der beiden Geräteanlagen anbot. Diese ist auch in vielen Fällen realisiert. Die so entstandene Einrichtung wird deshalb oft auch gar nicht mehr als Planetarium, sondern als „Space-Theater" bezeichnet.

Eine solches Space-Theater von meist über 20 m Durchmesser ist bis zu 30° geneigt. Die Sitze sind dieser geneigten Ebene entsprechend unidirektional ausgerichtet. Über dem Zuschauer wölbt sich die ebenfalls nach vorn gekippte, weiterhin halbkugelförmige Projektionsfläche, die vor den Sitzreihen bis zum Fußboden hinabreicht. Der Besucher soll in den Himmel „hineinschauen".

Die Omnimax-Einrichtungen haben innerhalb der zwei Jahrzehnte eine weltweite Verbreitung und auch eine entsprechende technologische Weiterentwicklung erfahren. Zu den neuesten Ergebnissen gehört eine dreidimensionale Vollkuppelprojektion. Ein erster, als Computergrafik erstellter, sehr kostspieliger Film lief 1988.

Es versteht sich fast von selbst, daß die Einrichtung auch für Kuppeln mit geringerem Durchmesser von etwa 15 bis 18 m nachgeahmt wurde. Die ersten derartigen Anlagen gehen auf eine Initiative von mehreren Planetarien in Arizona/USA zurück, wobei ein selbstentwickeltes Fischaugenobjektiv in Kombination mit einem handelsüblichen 35-mm-Filmprojektor benutzt wurde. Inzwischen gibt es mehrere firmenmäßige Produktionen.

◐ Das Planetarium in der geneigten Kuppel

◐ Ein solcher neuer Projektortyp für eine geneigte Kuppel mußte zwangsläufig auch neuartigen Bedingungen genügen. Für eine gewünschte Kombination mit dem Omnimax darf der Projektor zur Vermeidung gegenseitiger Abschattungen nur eine geringe Ausdehnung in seiner Höhe erreichen. Zur Kompensation des geringen Reflexionsgrades der Projektionsfläche muß er über eine lichtstarke Darstellung verfügen. Nicht zuletzt muß die Ausblendung der unter den geneigten Horizont gerichteten Strahlen gewährleistet sein. Das bedeutet aber das Aufgeben des bewährten Prinzipes der Gravitationsblenden.

Die Lösung ist der als „Starball-Variante" bekannte Aufbau. Das Prinzip besteht in der

Bild 2.31
Planetarium in geneigter Kuppel mit Gerät nach der Starball-Variante, Universarium, Jena, Modell

Trennung des klassischen Projektors in eine zentrale Kugel für den Fixsternhimmel und in gesondert danebenstehende Projektoren für Sonne, Mond und Planeten. Die Sternkugel wird meist von einer Gabel getragen, die auf einem keilförmigen, der Kuppelneigung angepaßten Fuß steht. Für die Abblendung der Strahlen sind je nach dem verwendeten Projektionsprinzip zwei verschiedene Einrichtungen in Gebrauch. Das Gerät in San Diego benutzt eine Lochprojektion zur Sterndarstellung. Dafür genügt eine in der geneigten Ebene um die Sternkugel angeordnete „Blechmanschette“. Bei der Verwendung optischer Systeme zur Projektion des Sternhimmels werden jalousieartige Gebilde aus vielen kleinen, nach oben geneigten Blechstreifen um die Kugel herum angeordnet.

Für die Darstellung von Sonne, Mond und Planeten gibt es verschiedene Aufbauten, beispielsweise in einer Gabel bewegliche Projektoren oder feste Aufstellungen mit einem Spiegelvorsatz nach dem Prinzip der Coelostaten. Oft sind hier auch noch weitere Effekte erfaßt, wie sie sich z. B. durch den Einbau von Zoom- und Phasenmechanismen ergeben.

Die übrigen Funktionen sind zum Teil mit in die Fixsternkugel integriert, wie etwa die Sternbildfiguren; andere sind an die Kuppelperipherie verlagert.

Die ursprüngliche Gemeinsamkeit bei der Drehung aller dieser Projektoren, beispielsweise während der Tagesbewegung, muß natürlich jetzt durch entsprechende Berechnungen und kombinierte Steuerungen wiederhergestellt werden. Die Voraussetzungen für einen solchen Projektortyp sind deshalb überhaupt erst durch den Rechnereinsatz geschaffen worden. Allerdings ist damit eben auch eine absichtlich getrennte Benutzung möglich, wie etwa bei der raschen Einstellung historischer Konstellationen oder bei der Simulation eines Fluges durchs Sonnensystem.

Mit der Forderung nach der Verwendung des Gerätes in einer geneigten Kuppel ist eine neue Richtung im Bau von Planetarien entstanden. Diese löst aber nicht die klassischen Projektoren ab. Beide Ausführungen existieren nebeneinander. Jede hat ihr eigenes spezifisches Anwendungsgebiet, die sich nur teilweise überdecken.

Die Starball-Variante löst sich von den Bindungen an die geozentrische und die gegenwartsnahe Darstellung, woraus sich insbesondere die showbetonte Demonstration von Raumflügen ergibt. Dagegen sind mehrere Erscheinungen nicht ganz naturgetreu darstellbar. Das wirkt sich auch nachteilig für den Astronomieunterricht aus. Beispielsweise bringt der im Süden nach unten erweiterte Sichtbarkeitsbereich des Sternhimmels das Kreuz des Südens bereits für Mitteleuropa an den Horizont und andererseits kann die Mitternachtssonne wegen des im Norden hochgezogenen Horizontes nicht gezeigt werden.

Darüber hinaus ist auch die Darstellung von Sonne, Mond und Planeten wegen der Anordnung der Projektoren um die Fixsternkugel nicht abschattungsfrei möglich. Deshalb werden Tricks angewendet wie die „Übergabe" eines Planeten vom „Projektor Ost" zum „Projektor West" bei der Überquerung des Meridians, die beim Betrachter nicht unbemerkt bleibt. Auch eine ausreichend gute Synchronisation aller Himmelskörper mit dem Sternhimmel ist eine aufwendige Aufgabe. Schließlich werden Funktionen nach außen verlagert, die eigentlich eine feste Zuordnung zum Sternhimmel verlangen.

Geräteanlagen für geneigte Kuppeln werden inzwischen serienmäßig hergestellt. Die Ausführungen unterscheiden sich zwar in Einzelheiten, wenden aber grundsätzlich dasselbe Prinzip der Aufspaltung in Starball und getrennt stehende Projektoren für Sonne, Mond und Planeten an. Mit der Eröffnung des Space-Theaters in San Diego 1973 hat dieser neue Zweig in der Planetariumsentwicklung seinen Anfang genommen.

Das Planetarium im Space-Theater lebt dabei im allgemeinen von der Kombination mit Ganzkuppelfilmeinrichtungen. Es gibt zwar Omnimax-Theater ohne Starball, aber praktisch kein geneigtes Planetarium ohne Weitwinkelfilmprojektion.

Bild 2.32
Projektionsgerät für eine geneigte Kuppel während der Montage in der Werkstatt, Universarium mit Faserprojektoren, im Vordergrund die Projektoren für Sonne und Mond, 1988, Jena

Sterne aus dem Computer – Planetarien der Zukunft

⊙ Ersetzung von Hardware durch Software

⊙ Die Entwicklung des Planetariums kann man auch als ständige Überwindung von Einschränkungen in der Anwendung sehen. Durch den Hantelprojektor war beispielsweise die Darstellung nicht mehr an eine feste geographische Breite gebunden, die individuelle Ansteuerung der Projektoren vermochte die Bindung an den geozentrischen Beobachtungsort und an gegenwartsnahe Zeiträume zu lösen.

Eine ähnliche Situation ergibt sich heute durch die Forderung nach einem weitreichend variablen Bildinhalt. Denn die vielen Projektoren in einem Planetarium demonstrieren bestimmte, immer nur in derselben Art wiederholbare Funktionen. Die Darstellung eines neuen Effektes erfordert jedesmal auch einen neuen Projektor. Eine gewisse Starrheit dieses Demonstrationsprinzipes führt erneut spürbar an Grenzen. Ihre Überwindung ist durch den Computer vorbereitet. Er ermöglicht mechanisch-optische und elektrische Baugruppen durch Rechnerprogramme, also Hardware durch Software zu ersetzen.

Bild 2.33 Computergrafik, projiziert mit dem Digistar; Prospekt der Firma Evans and Sutherland

Dieser Vorteil wird zwar in den klassischen Geräten bereits in vielfältiger Weise genutzt. Um beispielsweise den Bedienenden am Pult über die am Gerät aktuell eingestellte geographische Breite zu informieren, mußten früher Baugruppen wie elektrische Drehmelder, mechanische Getriebe, beleuchtete Teilkreise und eine Fernlupe eingesetzt werden. Heute liefert diese Information ein Rechenprogramm mit einer digitalen Anzeige.

Die entscheidende Frage ist aber: Läßt sich dieses Prinzip auch auf die Gesamtheit aller optisch-mechanischen Funktionen ausdehnen, läßt sich die gesamte Geräteanlage durch ein „Software-Planetarium" ersetzen? Außer der Einsparung von Gerätetechnik und der Flexibilität bezüglich des Bildinhaltes wären damit auch Prozesse in der Astronomie vorführbar, auf die bisher wegen fehlender technischer Möglichkeiten verzichtet werden mußte. Das betrifft beispielsweise die Veranschaulichung der Entwicklung des Weltalls mit einer Zeitdehnung der rasch ablaufenden Ereignisse in den ersten Sekunden nach dem Urknall und einer Zeitraffung im späteren langsameren Ablauf.

Derartige Versuche existieren. Die folgenden Beispiele deuten dabei Möglichkeiten im Trend zum Planetarium der Zukunft an.

⊙ Das Scanning mit dem Laserstrahl

Die Benutzung von Lasern im Planetarium legte die Idee nahe, die gesamte Projektionsfläche regelmäßig, 25mal in der Sekunde, ähnlich wie bei der Darstellung eines Fernsehbildes zu rastern und dabei die Helligkeit der verschiedenfarbigen Laserstrahlen zur Erzeugung eines Bildinhaltes zu steuern.

Bereits 1972 verbreitete die kanadische Firma „Zytel Laser Systems Ltd." aus Winnipeg Prospekte zu einem Laser-Planetarium nach dieser Art, das nur noch aus einem tonnenförmigen Gebilde von 1,5 m Durchmesser und 1,2 m Höhe in der Kuppelmitte, einem Rechnerarbeitsplatz an der Kuppelperipherie und Elektronikschränken außerhalb der Kuppel bestand. Die Ablenkung der Laserstrahlen für jede Farbe besorgten gesteuerte, kleine Spiegel, die zusammen mit einer nachfolgenden Fischaugenoptik die Kuppel scannend überdecken. Zur Änderung der Helligkeit im Rhythmus des Abtastens dienten Elemente aus elektrooptischen Kristallen, deren Durchlässigkeiten mit der angelegten Hochspannung zur Erzeugung des gewünschten Bildinhaltes gesteuert werden können.

Das Prinzip erscheint sehr einfach. Die damit erreichbaren vielfältigen neuartigen Darstellungsmöglichkeiten liegen auf der Hand. Es haften ihm aber grundsätzliche Probleme an. Neben der notwendigen Erfassung einer Halbkugel durch das Scanning in drei Farben sind das hauptsächlich die hohen Anforderungen an die Kürze der Schaltzeiten an den elektrooptischen Elementen. Bei der geforderten Auflösung von 75 Millionen Pixel in der Kuppel und einer 25maligen Überdekkung in einer Sekunde bedeutet die Helligkeitsänderung zwischen zwei Pixel von 0 auf 100 % ein Schalten an der Zelle zwischen dunkel und hell in weniger als einer Nanosekunde. Hier kommen wir an die Grenzen der physikalischen Möglichkeiten. Die Folge sind verschmierte Bilder, die einem brillanten Sternhimmel gerade entgegenstehen. Die traditionell projizierten Bilder sind einem solchen „Laserhimmel" in der Qualität überlegen.

Die durchgeführten Versuche und auch die angekündigten Geräteausführungen sind ohne nennenswerte praktische Bedeutung geblieben. Das Prinzip wäre grundsätzlich in kleinen Kuppelausschnitten für Zusatzeffekte brauchbar. Aber auch hier haben sich inzwischen andere Verfahren als günstiger erwiesen. Immerhin war das ein erster Versuch, alle Himmelsdarstellungen in einem Planetarium nur auf der Grundlage von Rechnerprogrammen zu erzeugen.

◐ Elektronenstrahlen erzeugen den Sternhimmel

Erfolgreicher ist heute bereits die Erzeugung des Sternhimmels auf dem Bildschirm einer lichtstarken Kathodenstrahlröhre, die in der Mitte des Planetariums steht und deren Bildinhalt über eine Fischaugenoptik an die Kuppel projiziert wird. Der Bildinhalt wird mit Hilfe eines schnellen Rechners entweder entsprechend einem vorher extern erstellten Programm oder durch die Interpretation betätigter Tasten, Potentiometer und Joysticks an einem Bedienpult im On-line-Betrieb erzeugt.

Die gesamte Anlage besteht damit nur noch aus der Bildröhre mit der Fischaugenoptik in einem Gehäuse in der Kuppelmitte, einem Bedienpult an der Peripherie, einem Rechner mit entsprechenden Interface-Einheiten und nicht zuletzt aus der Software, die jetzt alle planetariumspezifischen Effekte beinhaltet.

Eine solche Einrichtung wird von der amerikanischen Firma „Evans and Sutherland" unter dem Namen „Digistar" angeboten. Die Anlage verfügt über wesentliche Vorzüge, gleichzeitig haften ihr aber auch noch entscheidende Nachteile an.

Der ganz offensichtliche Vorteil besteht natürlich darin, daß für die Schaffung eines neuen Effektes lediglich ein Programm geschrieben und kein neuer Projektor gebaut werden muß. Weiterhin ist auch die Beschränkung der Starball-Variante auf einen festen Fixsternhimmel überwunden. Jeder Stern ist durch vier Werte im Speicher vertreten, und zwar durch drei räumliche Koordinaten und durch ein Maß für die Helligkeit aus einer 64stufigen Skale. Das ermöglicht die Verlagerung des Beobachtungsortes von der Erde sogar auf andere Sterne oder erlaubt Flüge durch das Milchstraßensystem.

Zu den Sternen lassen sich Namen, Figuren oder physikalische Angaben wie Temperatur und Spektraltyp hinzufügen. Erstaunlich ist auch die in jüngster Zeit genannte hohe Auflösung von 8100 x 8100 Punkten auf der Kathode, die an der Kuppel Pixelabständen unter dem Auflösungsvermögen des Auges entsprechen.

Grundsätzlich handelt es sich beim Einsatz dieses Prinzips um Computergrafik auf einem großen halbkugelförmigen Bildschirm. Es können deshalb auch alle dort üblichen Möglichkeiten der Bilderzeugung genutzt werden. Darstellungen etwa von der rotierenden Erde oder vom startenden Space-Shuttle erscheinen dann in der bekannten Art von Strichzeichnungen. Eine beliebte Darstellung ist der Aufenthalt in einer Sternwartenkuppel, wobei der sich öffnende Kuppelspalt einen Blick auf den jeweils freigegebenen Ausschnitt des Himmels gewährt.

Den entscheidenden Nachteil stellt heute noch das Intensitätsproblem dar. Die relativ kleine Kathode ist auf die gesamte Kuppel abzubilden. Das Flächenverhältnis einer 23-m-Kuppel zur Kathode mit 16 cm Durchmesser von rund 100 000 : 1 vermittelt eine Vorstellung von der Verringerung der Helligkeit. Die Steigerungsmöglichkeiten durch die Entwicklung extrem lichtstarker Röhren scheinen ausgeschöpft zu sein. Eine Reserve liegt noch in der Aufnahme der Strahlung durch das Fischaugenobjektiv. Gegenwärtig wird an der Erhöhung des Öffnungsverhältnisses von 1:4 auf 1:1 gearbeitet. Vorläufig müssen die Scheibchen der hellsten Sterne zur Erzielung eines ausreichenden Helligkeitseindruckes für das Auge noch mit einem Durchmesser von rund 100 mm in einer 23-m-Kupel dargestellt werden. Mit dem neuen Objektiv erhofft man sich eine Reduzierung der Sternscheibchen auf die Hälfte der derzeitigen Werte.

Helle Objekte, wie Sonne und Mond, können mit diesem Prinzip überhaupt nicht wirkungsvoll dargestellt werden. Es zeichnet sich dafür auch keine brauchbare Lösung für die absehbare Zukunft ab. Weiterhin verbleiben bei der Abbildung der nahezu ebenen Kathodenfläche in die halbkugelförmige Kuppel noch Verzerrungen am Bildrand. Diesem Problem versucht man bereits durch das Anordnen der Röhre um einen entsprechenden Betrag unterhalb des Kuppelhorizontes zu begegnen, so daß nur noch etwa 160° statt der 180° aus der Kuppelmitte heraus erfaßt werden müssen.

Schließlich ist auch noch ein Springen der Sterne während schneller Bewegungsabläufe bei gleichzeitiger Benutzung weiterer Bildinhalte nicht ganz zu vermeiden. Selbst der superschnelle Rechner vermag von einer Vielzahl von Bildpunkten an dem raschen Wechsel nicht mehr zu folgen.

Die Darstellung ist heute noch einfarbig. Es zeichnet sich allerdings für die nahe Zukunft auch die Verfügbarkeit von farbigen Bildern ab, deren Erzeugung aber noch sehr aufwendig und teuer sein wird.

Aufgrund dieser beim jetzigen Stand der Technik noch vorhandenen Mängel wird im allgemeinen die brillante Himmelsdarstellung des klassischen Projektionsgerätes bevorzugt. Trotzdem fasziniert das Verfahren aufgrund der softwaremäßigen Erzeugung sämtlicher Himmelserscheinungen und wegen der Möglichkeit des Verzichts auf die Vielzahl von Projektoren. Eine Überwindung der genannten, noch bestehenden Probleme bei gleichzeitiger Reduzierung der Kosten würde der rechnergesteuerten Kathodenstrahlröhre für mittlere und kleine Kuppeln Chancen als ein Planetarium der Zukunft einräumen.

⊙ Neben dieser Gesamtkuppeldarstellung des Digistars hat sich inzwischen eine verwandte Technik einen festen Platz im Planetarium erworben. Es ist die Videoprojektion. Mit kommerziell angebotenen Geräten läßt sich bereits ein farbiges Bild von beachtlicher Größe an der Kuppel in ausreichender Helligkeit erzielen.

Es gibt heute bereits eine Vielzahl astronomischer Effekte auf der Grundlage der CD-Technik. Beispiele dafür sind die rotierende Erde im Weltall, ein Überflug über die Marsoberfläche, der Vorbeiflug der Voyagersonde am Neptunmond Miranda, ein Doppelstern, eine rotierende Galaxie, der Materiefluß in Richtung eines Schwarzen Loches und ähnliches mehr. Das sind alles Effekte, für die bisher jeweils ein spezieller Zusatzprojektor gebaut werden mußte und die jetzt zu einzeln abrufbaren Szenen der Videoeinrichtung geworden sind.

Voraussetzung für ihren erfolgreichen Einsatz ist selbstverständlich ein qualitativ hochwertiges Bild ohne Flimmereffekte, das auch hinreichend die Forderungen an den Kontrast, an das Auflösungsvermögen (Zeilenanzahl und Anzahl der Punkte in der Zeile) und an die Helligkeit erfüllt.

Die heutige Technik schafft bereits einen genügend dunklen Hintergrund zur Vermeidung der störenden Sichtbarkeit des Bildrandes in der Umgebung der dargestellten Himmelskörper. Dagegen muß die Anwendung der Videotechnik aufgrund der gegenwärtig

⊙

Die Lichtventiltechnik als künftiges Planetariumsprinzip?

Bild 2.34
Ausfüllung der gesamten Kuppel mit Bildinhalten durch eine Vielzahl von Diaprojektionen, Planetarium La Villette, Paris (Prieur, P.)

Bild 2.35
Blatt 28 aus dem Atlas von Andreas Cellarius als 70-mm-Diapositiv für einen Fischaugendiaprojektor nach Jännes in Vantaa/Finnland

erreichten Parameter zu Auflösung und Helligkeit noch auf die Darstellung von Zusatzeffekten in einem festen, begrenzten Kuppelbereich beschränkt bleiben. Es gibt allerdings erste Versuche, Bilder von mehreren Projektoren zusammenzusetzen, ja sogar die gesamte Kuppel mit sechs apfelsinenschalenförmigen Bildausschnitten auszufüllen. Das wesentlichste, noch nicht völlig beherrschte Problem ist dabei der saubere Anschluß der Bilder.

Einer Bewegung von Objekten über große Winkelbereiche mit Hilfe von gesteuerten Vorsatzspiegeln, wie das bei Diaprojektionen üblich ist, steht natürlich die „Dreiäugigkeit" der konventionellen Projektoren entgegen. Aber auch hier läßt die gegenwärtige Entwicklung einen Trend in die Richtung zu „einäugigen" Geräten erkennen. Ein Beispiel dafür ist ein im Handel angebotener, auf der Grundlage von durchstrahlten Flüssigkeitskristallen arbeitender Projektor.

Neue Möglichkeiten zur Steigerung der Helligkeit eröffnet das Prinzip der Lichtventiltechnik. Hier wird der Bildinhalt in einem Ölfilm elektronisch gesteuert, während die Strahlung selbst von einer Bogenlampe stammt. Entsprechend der Leistung eines lichtstarken Bogens ist das Bild ausreichend hell, um eine Kuppel von wenigstens mittlerer Größe vollständig auszuleuchten. Dieser Projektor ist auch als „einäugiger" ausgebildet. Es müßte die Auflösung, also die Zeilen- und Punktanzahl, noch wesentlich gesteigert werden, bis eine solche Technik zu einem konkurrenzfähigen Planetarium werden könnte.

⊙ Bei den bisher genannten Prinzipien werden noch die in der Helligkeit gesteuerten Punktmuster über eine Projektionsoptik auf die Kuppel übertragen. Konsequent und folgerichtig erscheint es, auf die Zwischenfunktion der Projektion vollständig zu verzichten und die Erzeugung der Bildpunkte selbst unmittelbar an die Kuppel zu verlegen. Das könnte durch die Bestückung der Kuppelfläche mit selbstleuchtenden Elementen geschehen, die wieder über einen Rechner in der Helligkeit gesteuert werden müßten.

Diese sehr einfach erscheinende Lösung stellt aber außerordentlich hohe Anforderungen an die Bauelemente. Bei einer anzustrebenden ausreichenden Auflösung werden 75 Millionen einzeln ansteuerbare, ausreichend intensiv und auch farbig strahlende Leuchtelemente mit hoher Lebensdauer gebraucht, die sich in der Sphäre anordnen lassen und dabei einen vertretbaren Preis (1 Pfennig pro Pixel) nicht überschreiten.

Mikrolampen wären zwar mit ausreichend geringer Größe von weniger als 1 mm und mit einer Lebensdauer von etwa 60 000 Stunden erhältlich, aber außer den zu hohen Kosten würde die Kuppel bei einem Leistungsverbrauch von nur wenigen Hundertstel Watt pro Lampe in einen Heizofen von mehreren Megawatt verwandelt werden.

Die als Signallampen verwendeten Lumineszenzdioden sind ebenfalls ausreichend klein und günstig in der Lebensdauer. Es gibt auch preiswerte Ausführungen für die Farben rot und gelb, aber noch nicht für blau.

Eine weitere Möglichkeit bestünde in der Anwendung von Plasma- und Elektrolumineszenzdisplays. Das Planetarium der Zukunft wäre in diesem Falle ein riesiger Farbfernsehbildschirm. Allerdings gäbe es dazu noch eine Vielzahl technologischer Probleme zu überwinden.

Die Vorteile einer solchen aktiven Kuppel sind unbestreitbar. Zunächst wird auch hier der Bildinhalt wie bei der Kathodenstrahlröhre rein softwaremäßig erzeugt, wobei zusätzlich deren noch verbleibende Mängel, wie die geringe Intensität, die Einfarbigkeit und die Bildverzerrung am Rand, überwindbar sind. Die Bilderzeugung benötigt überhaupt kein Gerät mehr in der Kuppel, d. h., sie arbeitet völlig abschattungsfrei, und der Kuppelraum ist ohne Umbau oder Geräteverschiebung andersweitig nutzbar. Mit der paarweisen Anordnung der Elemente wäre sogar die Erzeugung stereoskopischer Bilder denkbar.

⊙

Die aktive Kuppel – das Planetarium erneut ohne Projektoren?

3 Astronomie im Spiegel der Planetariumstechnik

Planetenspuren und Panorama im Planetarium Jena

Eingefangene Sterne

Die Erfassung der Vollkugel – die Aufteilung des Himmels

⊙ Der Sternhimmel in einer klaren Nacht, weitab vom störenden Licht der Städte, hat immer wieder eine besondere Faszination, der sich kaum jemand entziehen kann. Eine Nachbildung wird deshalb wohl immer eine Annäherung an die Verhältnisse in der Natur bleiben. Selbst bei der Verfügbarkeit moderner Technologien bedarf es großer Anstrengungen, um wenigstens etwas vom Strahlen der Sterne, vom majestätischen Eindruck des Sternhimmels in der Nachahmung auf den Zuschauer zu übertragen.

Eine Nachbildung erfordert in erster Linie eine Erfassung der Sterne in ihrer unterschiedlichen Helligkeit und in ihrer naturgetreuen Position, d.h. in ihrer gegenseitigen Anordnung mit der Konzentration zur Milchstraße. Darüber hinaus werden zusätzliche beobachtbare Eigenschaften in derartige Darstellungen einbezogen, z. B. die unterschiedliche Farbtemperatur, die sich bei einigen hellen Sternen bereits dem bloßen Auge in einer erkennbaren Färbung darbietet, periodische und unregelmäßige Helligkeitsänderungen der Veränderlichen Sterne, ihre Szintillation, besonders in Horizontnähe, oder vielleicht auch schon die Berücksichtigung von Eigenbewegungen an ausgewählten Sternen.

Bei allen Darstellungen des Sternhimmels auf der Grundlage einer Projektion ergibt sich dabei ein wesentliches Problem, nämlich die Notwendigkeit der Ausfüllung einer Vollkugel mit Bildinhalt. In Analogie zum Himmelsglobus bietet sich natürlich auch hier als einfachste Lösung die Verwendung einer Kugel mit einer zentralen Lichtquelle und mit Bohrungen verschiedener Größe in der Kugelschale als Sterne an. Das führt zum bekannten und in der Praxis auch angewendeten Prinzip der Lochprojektion, das aber eben die Nachteile der Erzeugung unscharfer und lichtschwacher Sterne an der Kuppel besitzt.

Der Ausweg ist die optische Projektion. Der Versuch, die gesamte Kuppel mit einem einzigen Objektiv, einer Fischaugenoptik, zu erfassen, besitzt die genannten Nachteile der geringen Helligkeit und der Verzerrungen am Bildrand. Die am häufigsten verwendete Lösung besteht deshalb in der Verwendung mehrerer Projektoren, von denen jeder einen bestimmten Ausschnitt des Himmels erfaßt. Die Anordnung der Projektoren muß dabei das lückenlose Aneinandersetzen der einzelnen Sternfelder gewährleisten. Für die dabei notwendige Aufteilung des Sternhimmels wird auch heute noch fast ausnahmslos

Bild 3.1 Himmelsaufnahme, Sternbild Schwan, aufgenommen mit Astro-Amateur-Kamera, Öffnung: 56 mm, Brennweite: 250 mm, Belichtung: 2 Stunden, Ansorge, 1964

das 1919 von Bauersfeld eingeführte Verfahren angewendet, das von folgender Überlegung ausgeht:

Bei der Verwendung mehrerer Projektoren ist man aus Gründen einer rationellen Fertigung an der Gleichartigkeit ihrer Ausführung interessiert. Mathematisch bedeutet das die Aufteilung der Kugeloberfläche in kongruente Teile, also in Flächenstücke gleicher Gestalt und Größe. Dafür läßt aber die Natur nur fünf Möglichkeiten zu, nämlich die Analoga zu den regelmäßigen Vielflächnern Tetraeder, Würfel, Oktaeder, Dodekaeder und Ikosaeder. Die Lösungen sind aber in der Praxis ungeeignet, weil die Erfassung der dabei noch verbleibenden großen Bildfelder mit hoher Abbildungsqualität, ausreichender Gleichmäßigkeit in der Ausleuchtung und mit der nötigen Schärfentiefe bereits auf die genannten Probleme der Weitwinkelprojektionen führt.

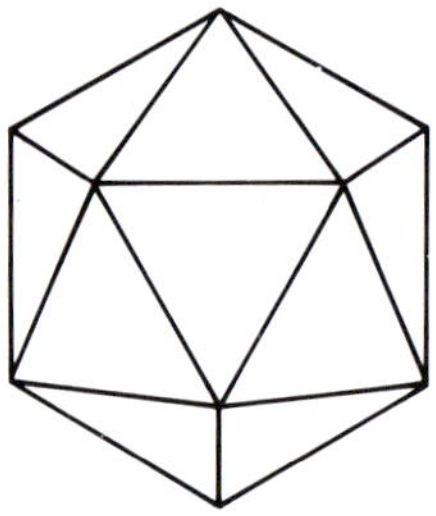

Ikosaeder

Ikosaeder
mit abgeschnittenen Ecken

Wesentlich günstigere Möglichkeiten ergeben sich, wenn man statt einer einzigen Art bereits zwei verschiedene Formen für die Sternfelder zuläßt. Gemäß dieser Überlegung geht man bei den Projektionsplanetarien zwar vom Ikosaeder aus, schneidet aber die 12 Ecken ab, so daß dabei ein Körper aus 20 Sechsecken und 12 Fünfecken entsteht. Die Tiefe des Schnittes ist so gewählt, daß die erhaltenen Fünf- und Sechsekke in umschriebenen Kreisen gleicher Größe liegen.

Gemäß diesem Prinzip ist der Sternhimmel in 32 Felder aufgeteilt. Die Ausrichtung geschieht dabei fast ausschließlich nach dem Himmelsäquator, d. h., je ein Fünfeck liegt am Himmelsnord- und Himmelssüdpol, und sechs Reihen zu je fünf Feldern sind auf Parallelkreisen gleicher Deklination angeordnet. Lediglich der Morrison-Typ erfordert die Aufteilung nach ekliptikalen Koordinaten.

Der Aufbau des Sternprojektors nach diesem Prinzip erlaubt eine dichte Packung der Projektoren und eine entsprechend günstige Lichtausnutzung einer zentral angeordneten Strahlungsquelle.

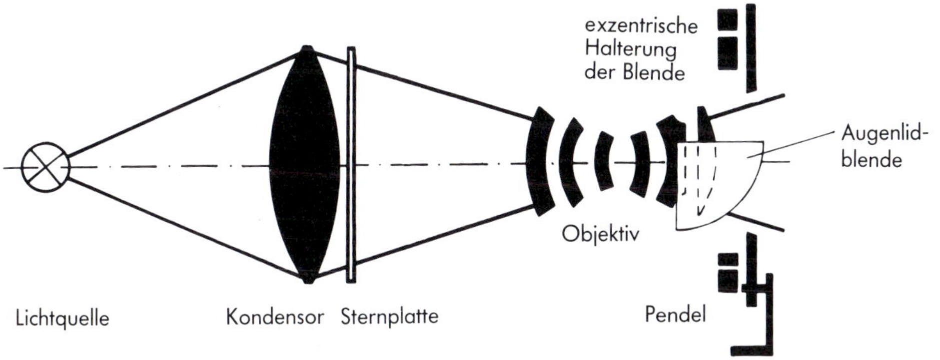

Bild 3.4
Schematische Darstellung zum Aufbau des Fixsternprojektors

⊙ Der Fixsterndiaprojektor

⊙ Jeder einzelne dieser Sternprojektoren gleicht zunächst insofern einem handelsüblichen Diaprojektor, da er denselben prinzipiellen Aufbau aus Lichtquelle, Kondensor, Diapositiv und Projektionsobjektiv besitzt. Aber er weist daneben auch eine Reihe von Besonderheiten auf.

Die Lichtquelle muß gleichmäßig in einen sehr großen Raumwinkel strahlen, damit alle auf der Kugel angebrachten Projektoren in gleicher Weise mit Licht von der zentralen Quelle versorgt werden. Notgedrungen bleibt ein toter Raum am Ort der Lampenfassung, dessen störende Auswirkung durch eine günstige Anordung zu vermeiden oder wenigstens zu minimieren ist. Selbstverständlich muß die Lampe in jeder beliebigen Lage funktionieren.

Seit 1926 wird als Kondensor eine große asphärisch gestaltete Linse verwendet. Das Objektiv muß von besonderer Qualität sein, weil das Auge bei der Abbildung nahezu punktförmiger Objekte sehr empfindlich gegenüber Bildfehlern reagiert. Die Optik hat deshalb auch eine ständige Weiterentwicklung erfahren. Bei den anfangs verwendeten Tessaren (1:4,5; f = 115 mm) hat man sich den zusätzlichen Vorteil der möglichen geringfügigen Brennweitenveränderung durch eine Vorderlinsenverstellung zum Ausgleich von Fertigungstoleranzen zunutze gemacht. Heute werden meist mehrlinsige Systeme mit reflexmindernden Belägen eingesetzt. Das sehr wärmeintensive Infinium von Minolta mit seiner 4 000-Watt-Halogenlampe benötigt sogar zusätzlich 15-komponentige dielektrische Vielfachschichten auf der Kondensoreintrittsfläche zur Aussonderung der Wärmestrahlen.

Aufgrund seiner unterschiedlichen Lagen braucht der Fixsterndiaprojektor eine Einrichtung zur Ausblendung der unter den Horizont gerichteten Strahlen, die möglichst gleichzeitig ein allmähliches Abdunkeln ge-

Bild 3.5
Bei abgenommener Abdeckung sind die Augenlid-Blenden vor den Objektiven der Fixsternprojektoren zu erkennen; Spacemaster, Jena

mäß der in der Natur auftretenden zunehmenden Lichtabsorption in Horizontnähe erzeugen soll. Im einkugeligen Modell I erfüllte ein schwarzes Tuch um die Sternkugel in Horizonthöhe diese Funktion, das man im parallel dazu gefertigten Zwillingsgerät bereits durch eine Abblendschale aus Metall ersetzt hatte. Dieses Verfahren war nicht übertragbar auf die in zwei Hälften aufgeteilte Sternkugel des Hantelprojektors. Man hatte deshalb hier kleine, kardanisch gefaßte Kugelkalotten als Blenden in der Form eines Augenlides vor den Objektiven angebracht, die allein aufgrund der Schwerkraftwirkung stets sowohl in der Drehrichtung als auch in der Höhe zum Horizont ausgerichtet bleiben. Eine exzentrische Fassung sorgt sogar noch für einen entsprechenden Ausgleich wegen der unterschiedlich hohen Lagen der Fixsternhalbkugeln in der Kuppel während der Gerätedrehung.

Diese sehr elegante, allein auf der Schwerkraftwirkung beruhende Lösung funktioniert wiederum nicht mehr bei Geräten in geneigten Kuppeln. Deshalb verwendet man dort die bereits erwähnten, jalousieartig angeordneten Blechstreifen.

Eine ganz besondere Bedeutung kommt den Diapositiven im Fixsternprojektor zu.

⊙ Die Sternplatte – von der Himmelsaufnahme zur kupfernen Maske

⊙ Die Erzeugung eines natürlichen Sternhimmels hängt wesentlich von der Ausführung der Fixsterndias ab. Gleichzeitig wird damit entschieden, wie gut die beiden Grundforderungen – die Realisierung der Sterne in der richtigen Helligkeit und in der richtigen Position – erfüllt sind.

Den naheliegenden Gedanken der unmittelbaren Verwendung von Himmelsfotografien der entsprechenden Sterngegenden hatte man beim ersten Projektionsplanetarium anfangs erwogen, aber bald wieder verworfen. 31 Aufnahmen in der geforderten Form, Größe, Gleichmäßigkeit mit ausreichend dunklem Untergrund zu gewinnen, erschien wenig aussichtsreich. Man hatte deshalb die Sternfelder in der geforderten Vieleckform sechsfach vergrößert gezeichnet und von diesen Vorlagen verkleinerte kontrastreiche Fotografien hergestellt. Die notwendigen Positionen ließen sich aus den Koordinaten berechnen.

Jedoch erwies sich einerseits die Fotoschicht in diesen dicht geschwärzten kontrastreichen Aufnahmen bei der kräftigen Beleuchtung, besonders nach der Erhöhung von 200 auf 500 Watt, als nicht dunkel und fehlerfrei genug, und andererseits hielten

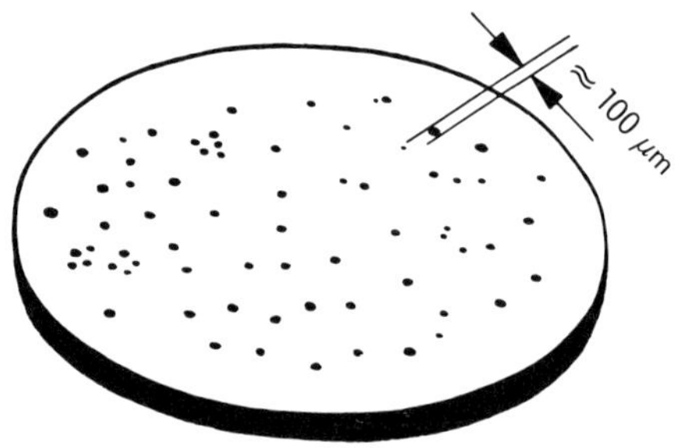

die Emulsionen auf die Dauer der Wärmebelastung nicht stand. Das Verfahren konnte deshalb erst recht nicht für den Hantelprojektor mit der 1000-Watt-Lampe übernommen werden.

Der für das Seriengerät brauchbare Ausweg waren Sternmasken aus Metall. Und zwar hatte man Kupferfolien von nur 0,015 mm Dicke verwendet, in die von Hand unter dem Mikroskop mit speziell dafür hergestellten Sticheln winzige kreisförmige Öffnungen zwischen 0,023 mm und 0,750 mm Durchmesser gestanzt wurden. Diese Arbeit wurde in Jena über 50 Jahre von einer Familie, von Vater und Sohn, ausgeführt. Beide haben gemeinsam in dieser Zeit rund 15 000 solche Kupferfolien zu Sternmasken gestochen. Die auf diese Weise erhaltenen Sternplatten waren ausreichend dicht und lichtundurchlässig, um den gewünschten dunklen Himmelshintergrund zu erzeugen. Das Verfahren lieferte auch einwandfreie kreisrunde Öffnungen dieser winzigen Größe. Die Positionen der Sterne und die zu verwendende Stichelgröße waren durch fotochemische Verfahren auf der Folie markiert.

Die Vorlagen mußten für das Hantelgerät neu gezeichnet werden. Da sich keiner der Projektoren im Zentrum der Kuppel befindet, sondern eine mehr oder weniger große exzentrische Lage aufweist, wird eine entsprechende Verzerrung des Bildinhaltes im Dia nötig – ein Effekt, der auch bei allen anderen Projektionen im Planetarium beachtet werden muß. Mit Hilfe von Logarithmentafeln hatte man die verzerrte Lage aller 8 900 Sterne berechnet und die so ermittelten Orte aufgezeichnet.

Eine andere interessante Methode zur Herstellung der Sternplatten war in der Kalifornischen Akademie für das Morrison-Gerät verwendet worden. Dort hatte man Korundkörner verschiedener Größe auf einer horizontal liegenden Glasplatte entsprechend den Sternpositionen angeordnet. Nach dem Bedampfen der Glasplatte mit einer Metallschicht und dem anschließenden Entfernen der Korundkörner verblieb die Schicht mit den die Sterne darstellenden Öffnungen.

Heute werden die Sternmasken überwiegend auf lithographischem Wege hergestellt, oder man „schießt" die Löcher mit Hilfe von Laserstrahlen in eine auf Glas aufgedampfte Chromschicht. Diese Vorgänge sind weitestgehend automatisiert. Rechner besorgen das Sortieren der Sterne in die 32 Felder, die für die jeweilige Kuppel- und Gerätegröße notwendige Verzerrungsrechnungen sowie die Steuerung beim Fertigungsprozeß der Masken. Da die Positionierung mit einer Genauigkeit in der Größenordnung eines Mikrometers erfolgt, bleiben für die Lage der Sterne an der Kuppel nur noch geringfügige Abweichungen durch unvermeidbare Fertigungs- und Justiertoleranzen. Auf diese Weise entsteht ein der Lage nach exakter Sternhimmel, bei dem das Auge hinsichtlich der Position keinen Unterschied mehr zum natürlichen erkennen kann.

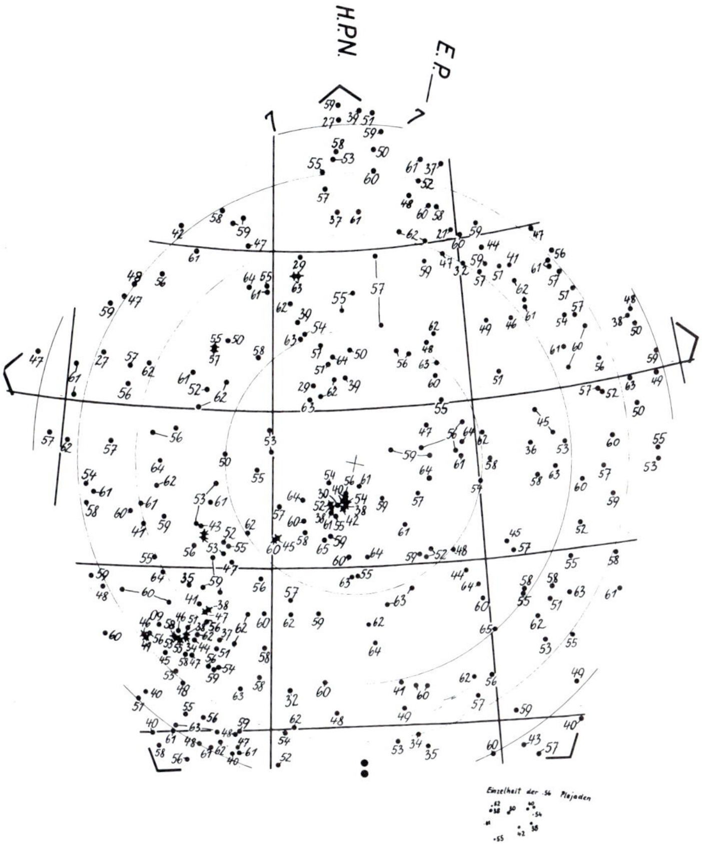

Bild 3.7
Von Hand gezeichnete Vorlage für ein Sternfeld zum Hantelprojektor von 1926

Damit der Beobachter auch am künstlichen Sternhimmel die Sterngruppen wie in der Natur unmittelbar erfassen kann, muß neben der exakten Lage auch die richtige Helligkeitsabstufung mit der nötigen Sorgfalt nachgeahmt werden.

⊙

Die Helligkeit der Sterne – das Pogsonsche Gesetz im Planetarium

⊙ Die unterschiedliche scheinbare Helligkeit der Sterne hatten die Astronomen des Altertums durch die Einführung von Größenklassen erfaßt. Die hellsten wurden als Sterne 1. Größe und die gerade noch sichtbaren als Sterne 6. Größe bezeichnet.

Nachdem man mit Fotometern die Helligkeit genauer messen konnte, hat man dieses Prinzip zwar beibehalten, es aber präzisiert, die Skale geeicht und nach beiden Seiten erweitert. Der englische Astronom Pogson hat 1857 eine Beziehung aufgestellt, die sich einerseits möglichst gut an die früheren Festlegungen anpaßt, die aber andererseits eine exakte und bequeme Handhabung ermöglicht. Das nach ihm benannte Pogsonsche Gesetz drückt den Zusammenhang zwischen dem Intensitätsverhältnis I_1/I_2 zweier Sterne und ihrer Größenklassendifferenz $m_1 - m_2$ aus:

$$\frac{I_1}{I_2} = 10^{-0,4\,(m_1 - m_2)}$$

Der Unterschied von 2.5 Größenklassen entspricht danach gerade dem Intensitätsverhältnis von 10. Diese „Größe" ist somit ein Maß für die scheinbare Helligkeit und nicht für die räumliche Ausdehnung der Sterne.

Im Gegensatz zur Natur werden in den meisten Sternprojektoren die verschiedenen Größenklassen tatsächlich auf der Grundlage unterschiedlicher Durchmesser der Sternscheibchen realisiert. Die Fläche der Öffnung in der Maske wird hier wirklich zu einem Maß für ihre Helligkeit. Mit D als Durchmesser dieser Öffnungen läßt sich deshalb das Pogsonsche Gesetz für die Sterne des Planetariums ausdrücken durch

$$\frac{D_1^2}{D_2^2} = \frac{I_1}{I_2} = 10^{-0,4\,(m_1 - m_2)} \quad \text{oder}$$

$$\frac{D_1}{D_2} = 10^{-0,2\,(m_1 - m_2)} \quad .$$

Im Falle der ersten Kupferfolien, also im Gerät von 1926, hatte man sich bei den schwächsten noch dargestellten Sternen der Größenklasse 6,5 für den Durchmesser der Öffnungen in der Maske von 0,023 mm entschieden, d. h., mit $m_2 = 6,5$ und $D_2 = 0,023$ mm ergab sich der Durchmesser D für jeden anderen Stern der Größenklasse m aus

$$D = 0,023 \cdot 10^{-0,2\,(m - 6,5)}\mathrm{mm},$$

also beispielsweise zu 0,290 mm für einen Stern 1. Größe. Auf diese Weise waren die Sterne bis zu Canopus mit reichlich 0,7 mm Durchmesser realisiert. Um einen zu großen Wert für den hellsten der Fixsterne Sirius mit $-1^m,46$ zu vermeiden, wurde er durch einen gesonderten Projektor dargestellt. Der erste Hantelprojektor erzeugte somit in der 23-m-Kuppel die Sterne als Scheiben zwischen 2,3 mm und reichlich 70 mm. Diese Werte konnten im Laufe der Entwicklung weiter verringert werden. Heute bleiben die Durchmesser der hellen Sterne meist unter 25 mm in einer 23-m-Kuppel.

Damit ist grundsätzlich die Realisierung der Sternhelligkeiten im Planetarium festgelegt. In der Praxis gibt es aber nun doch einige Abweichungen von dieser Gesetzmäßigkeit. Im Interesse einer rationellen Fertigung erhält nicht jeder Stern seinen eigenen Durchmesser, sondern die Gesamtheit der Sterne wird nur durch eine bestimmte Anzahl von Abstufungen erfaßt. Bei der manuellen Bearbeitung der Kupferfolien verwendete man 65 verschiedene Stichelgrößen. Feinere Unterteilungen vermag das Auge ohnehin nicht mehr zu unterscheiden. Weiterhin wird ein unvermeidlicher Helligkeitsabfall nach dem Bildfeldrand hin im Projektor über eine Durchmesserkorrektur ausgeglichen. Gelegentlich werden auch geringfügige Variationen des Pogsonschen Gesetzes aufgrund langjähriger Erfahrungen zur Erzeugung eines optimalen visuellen Eindruckes des Sternhimmels in der Kuppel vorgenommen.

Grundsätzlich geschieht auch die Helligkeitssteuerung der Sterne in den Lochprojektionsgeräten nach diesem Prinzip. Die Kugel von Weigel ist bereits ein Beispiel dafür, obwohl dort nur wenige grobe Abstufungen bis zur 3. Größenklasse verwendet sind. Eine Abweichung von diesem Prinzip stellt dagegen die Sternkugel des Voyager-Gerätes der Firma Spitz dar, in der jeder einzelne Stern durch eine eigene kleine Linse erzeugt wird. Hier werden die Abstufungen sowohl durch die Verwendung unterschiedlich großer Linsen als auch durch unterschiedlich stark absorbierende Filter realisiert.

Bei der Kathodenstrahlröhre des Digistar ist man aus Intensitätsgründen wieder auf das Flächenprinzip angewiesen, während im Falle der aktiven Kuppel jeder Stern jeweils durch ein Pixel von der Größe unterhalb der Auflösung des Auges in der richtigen Helligkeit dargestellt werden kann.

Hinsichtlich der Grenzgrößenklasse, also der Anzahl der dargestellten Sterne, gehen die Ansichten auseinander. Sie reichen von etwa 1 500 bis zu 24 000. Eine Staffelung in der Anzahl zwischen 5 000 und 9 000 Sternen, entsprechend der Kuppelgröße, hat sich als optimal erwiesen.

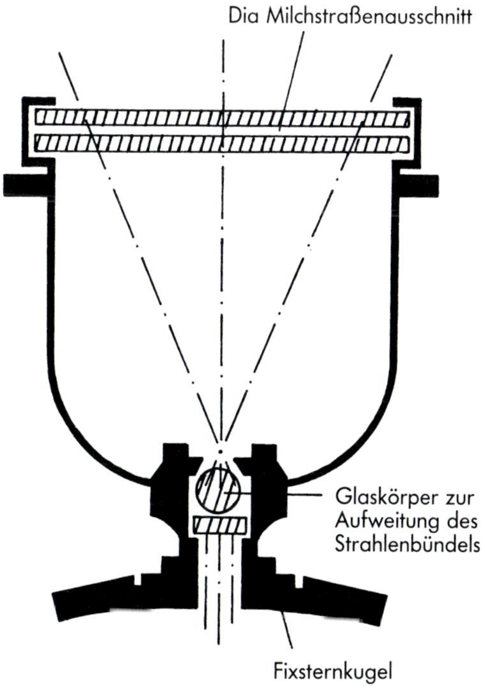

Bild 3.8
Aufbau und Wirkungsweise eines der 20 Milchstraßenprojektoren im Zwillingsgerät vom Modell I

Die Vervollständigung des Sternhimmels

Neben der grundlegenden Aufgabe der Erzeugung von Sternscheibchen in der richtigen Position und Helligkeit sollte die Realisierung zusätzlicher Effekte den natürlichen Eindruck des Sternhimmels weiter vervollständigen.

In der Natur wird das schimmernde Band der Milchstraße durch eine Vielzahl weit entfernter und dicht beieinander stehender Sterne erzeugt, die das Auge nicht mehr in Einzelobjekte aufzulösen vermag. Entsprechend war auch der erste Versuch der Nachbildung in einem Projektionsgerät auf die Integration in die Sternfelder gerichtet. Aber „die Darstellung der Milchstraße ließ sich mit den Sternplatten nicht wirksam verbinden. Dafür mußten auf dem Fixsternkörper eine Anzahl kleiner Projektionsapparate zusätzlich angeordnet werden." (Bauersfeld). Das waren im ersten Modell elf Projektoren, die ihr Licht ebenfalls von der zentralen 500-Watt-Lampe erhielten und von denen jeder einen entsprechenden Ausschnitt von etwa 30° erfaßte. Die Dias wurden, wie im Falle der Sternfelder, auf fotogafischem Wege von gezeichneten Vorlagen (Villiger spricht von „unsicheren, zeichnerischen Darstellungen") gewonnen. Zur absichtlichen Vermeidung einer zu scharfen, konturreichen Abbildung und um „möglichst verschwommene Umrisse der nebelartigen Flekke herzustellen" (Bauersfeld), hatte man zusätzlich netzartige Gebilde eingebaut.

Im Zwillingsgerät vom Modell I war erstmals der Versuch unternommen worden, mit Hilfe einer Schattenprojektion die unscharfen Konturen zu erzielen. Dieses Prinzip der Schattenprojektion wurde 1926 in einer neuartigen Ausführung im Hantelprojektor eingeführt und seitdem in den meisten Planetariumsprojektoren erfolgreich angewendet. Dazu hatte man nach damals neuesten fotometrischen (allerdings fotografischen statt visuellen) Messungen von Hopmann in Leipzig und Pannekoek in Amsterdam das Band der Milchstraße entsprechend dem Vorbild einer Höhenkarte in ein zehnstufiges Gebil-

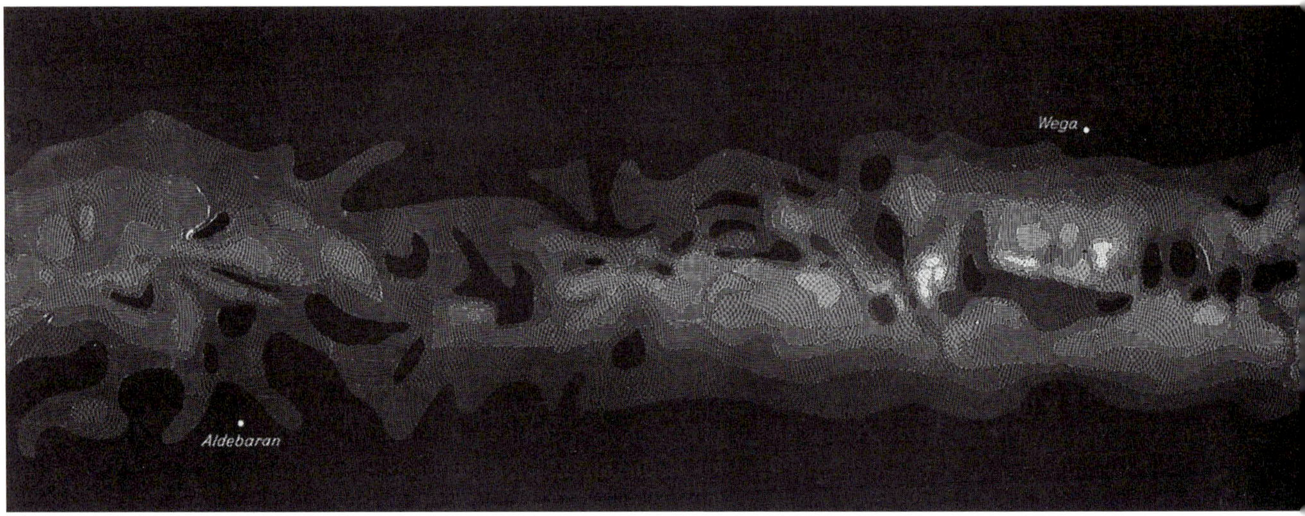

Bild 3.9
Aus verschieden dichtem Druckraster zusammengestellte Vorlage für den Milchstraßenfilm, 1926

de von Flächen gleicher Helligkeit zerlegt, wobei die einzelnen Stücke sehr einfach und doch wirkungsvoll aus unterschiedlich dichtem Druckraster einer Zeitung zusammengesetzt waren. Eine verkleinerte fotografische Aufnahme lieferte einen brauchbaren Milchstraßenfilm, der außen auf einen Glaszylinder aufgelegt wurde. Der Schattenwurf durch eine kleine Lampe im Inneren verwischt die harten Abstufungen und erzeugt einen realistischen Eindruck vom Band der Milchstraße.

Diese einfache und wirksame und auch allgemein verwendete Lösung führt bei den Geräten in geneigten Kuppeln zur Blendung der Zuschauer. Deshalb greift man im allgemeinen wieder auf die Darstellung durch Einzelprojektoren zurück.

Eine mehrfache Wandlung erfuhr die Darstellung der mit bloßem Auge sichtbaren Nebel und Sternhaufen. Während man in den beiden ersten Geräteausführungen noch grundsätzlich darauf verzichtet hatte, dienten im ersten Hantelprojektor 17 Sonderprojektoren zu ihrer Demonstration. Von 1929 an begann man mit ihrer schrittweisen Integration in die Sternplatten. Durch eine dichte Anordnung kleiner Öffnungen und eine zusätzliche Aufrauhung der Kupferfolie gelang eine natürliche Nachbildung dieser Objekte.

In der Natur erkennt das Auge bei genauer Betrachtung farbliche Unterschiede an den hellsten Sternen. Die Sage berichtet deshalb beispielsweise vom rötlichen Aldebaran als dem blutunterlaufenen Auge des angreifenden Stieres. Dementsprechend waren sehr zeitig schon vier Sterne durch Aufkitten winziger Filterscheibchen auf die Sternmaske farbig gestaltet worden. Heute wird bei den meisten großen Geräten ohnehin eine mehr oder weniger große Anzahl heller Sterne durch gesonderte, einzelne Projektoren dargestellt, bei denen eine Farbnuance durch Einsetzen von Filtern erzeugt werden kann.

In den 30er Jahren finden wir auch erstmals die Realisierung dreier Veränderlicher Sterne: Algol, δ-Cephei und Mira. Während anfangs der Lichtwechsel von Hand durch die Bedienung von Potentiometern erzeugt wurde, geschah dieser später durch motorgetriebene, vor das Objektiv geschwenkte Blendenscheiben. Heute übernehmen Rechner die Helligkeitssteuerung entsprechend den astronomischen Gesetzmäßigkeiten.

Bei Sirius, dem hellsten der Fixsterne, wur-

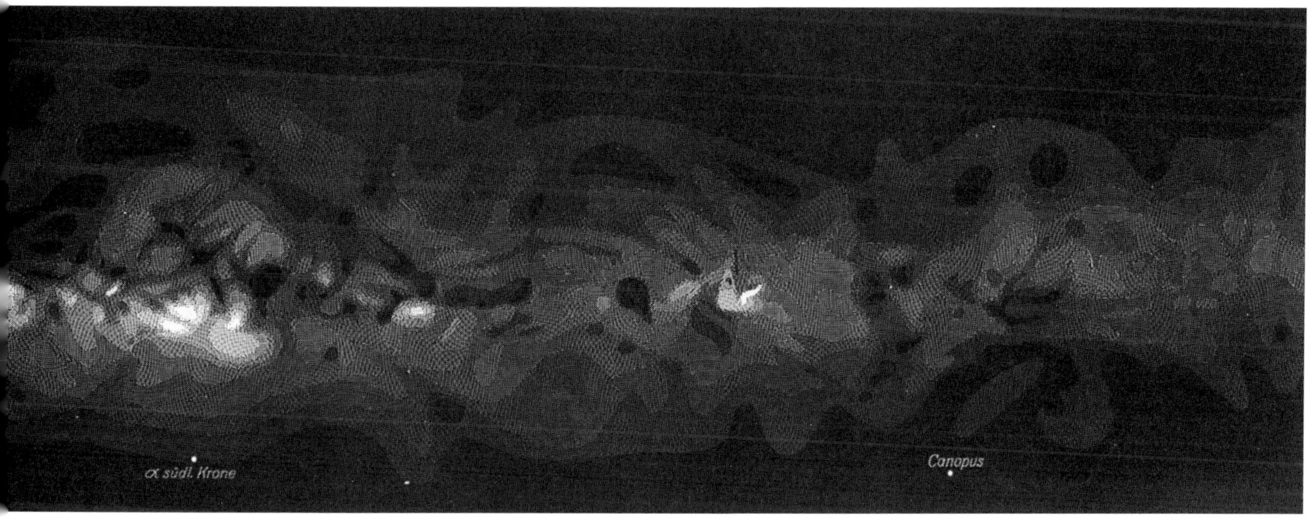

de verschiedentlich die Notwendigkeit seiner Darstellung durch einen gesonderten Projektor gleichzeitig für die Demonstration der jährlichen Parallaxe und der Aberration ausgenutzt. Da er zu den am nächsten stehenden Sternen gehört, kann man bereits ein Spiegelbild der jährlichen Bewegung der Erde um die Sonne wahrnehmen. Diese geringe, in der Natur nur mit Meßinstrumenten nachweisbare Richtungsänderung von 0,38 Bogensekunden wird im Planetarium stark übertrieben für das Auge wahrnehmbar gemacht.

Viele Versuche wurden bereits der Nachahmung des durch die Erdatmosphäre hervorgerufenen Flimmerns der Sterne, der Szintillation gewidmet. Meist werden dazu gitterartige Gebilde zur gelegentlichen kurzzeitigen Schwächung einzelner Sterne um die Fixsternlampe bewegt. Kleine, durch die Schwerkraft gehaltene Metallplättchen an einem Drahtkorb bewirken sogar eine Zunahme des Effektes in Horizontnähe in Jenaer Geräten. Ein im Planetarium Washington angewendetes Verfahren erzeugt ein sehr realistisches Flackern, sogar mit dem natürlichen Farbspiel, am Beispiel eines einzelnen Sternes. Das Sternscheibchen erhält verschiedenfarbiges Licht über Faseroptiken von mehreren Lampen, die im unterschiedlichen Rhythmus elektronisch in der Helligkeit gesteuert werden.

Zur Darstellung der Eigenbewegung von Sternen im Verlaufe langer Zeiträume waren zeitweise für ausgewählte Sterne Sonderprojektoren mit veränderbarer Projektionsrichtung angesetzt worden. Wegen des großen Aufwandes hatte man sehr bald wieder darauf verzichtet.

Auf eine völlig andersartige Sternhimmeldarstellung soll noch hingewiesen sein, bei der die astronomischen Objekte mit einem fluoreszierenden Material fest an der Kuppelfläche aufgetragen sind und erst bei der Bestrahlung mit UV-Licht einen zwar unbeweglichen, aber durchaus wirkungsvollen Himmelseindruck erzeugen.

⊙ Das Geheimnis um das Strahlen der Sterne

⊙ Bereits von der ersten Projektion des Sternhimmels wird uns ein überwältigender Eindruck bezeugt. Trotzdem vermißte man in der Folgezeit mit den steigenden Ansprüchen mehr und mehr den in der Natur charakteristischen Effekt des Strahlens, jene Eigenschaft, die man auf Bildern durch das Zeichnen von Zacken auszudrücken versucht. In Anlehnung an diese Vorstellung hat man auch die Projektion strahlenförmiger, gezackter statt kreisförmiger Sternbildchen ausprobiert. Ein solcher Sternhimmel wirkt aber völlig unnatürlich.

Dagegen führten Untersuchungen in neuester Zeit zu der Erkenntnis, daß der gewünschte Effekt des Strahlens tatsächlich erreicht werden kann durch eine ausreichende Reduzierung des Durchmessers der Scheibchen bei gleichzeitiger Erhöhung der Intensität über einen gewissen Schwellenwert.

Bild 3.10
Vier Möglichkeiten zur Erhöhung der Sternhelligkeit beim klassischen Projektor (Erläuterung im Text)

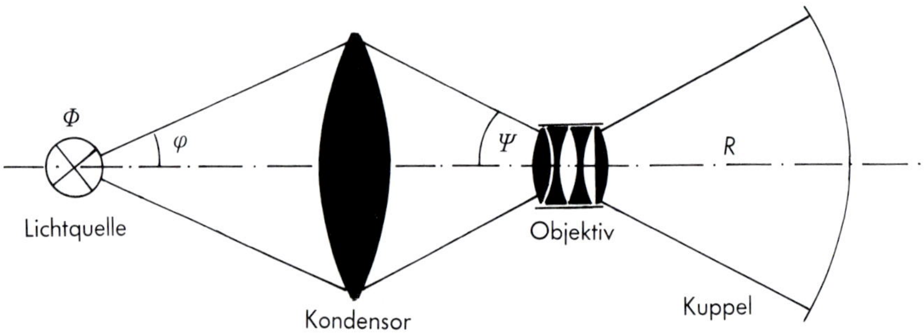

Eine Verkleinerung der Öffnungen in der Sternmaske ist heute kein technologisches Problem mehr. Sie bewirkt aber entgegen den Erfordernissen eine Verringerung des Helligkeitseindruckes für das Auge. Deshalb ist die Intensitätssteigerung zu einer zentralen Aufgabe in der Sternhimmelnachbildung geworden.

Die Steigerungsmöglichkeiten, die der klassische Sternprojektor zuläßt, lassen sich unmittelbar aus einer der möglichen Beziehungen für die lichttechnische Größe der Beleuchtungsstärke in den Scheibchen an der Kuppel ablesen:

$$E = \frac{\Phi}{4\pi R^2} \cdot \frac{\sin^2 \frac{\varphi}{2}}{\sin^2 \frac{\psi}{2}}$$

- φ Winkelradius des vom Projektor aufgenommenen Strahlenbündels
- ψ Winkelradius des auszuleuchtenden Bildfeldes
- R Kuppelradius in m
- Φ Gesamtlichtstrom der Lampe in Lumen
- E Beleuchtungsstärke in Lux

Der Bildfeldwinkel ψ liegt durch das gewählte Prinzip der Sternhimmelaufteilung fest. Die Vergrößerung der durch φ ausgedrückten Lichtaufnahme ist durch die kompakte Anordnung der Kondensoren praktisch ausgeschöpft. Der Radius R ist durch die gewünschte Kuppelgröße gegeben. Als Möglichkeit bleibt die Erhöhung des Gesamtlichtstromes der Lampe. Und hierfür gibt es zwei grundsätzlich verschiedene Wege – zum einen die Erhöhung der Leuchtdichte in der Strahlungsquelle. In der Praxis bedeutet das den Übergang von der Wendellampe zur Bogenlampe. Die andere Möglichkeit ist die Beibehaltung der Lampenart, aber die Vergrößerung der Wendel. Das bedeutet die Benutzung einer größeren Lampe. Eine größere Lampe fordert aber einen größeren Projektor und folglich ein größeres Gerät. Beide Wege werden in der Praxis beschritten. Aber sie führen sehr bald an Grenzen, bzw. hat man bekannte Nachteile in Kauf zu nehmen.

Einen Ausweg stellt die Modifikation bzw. das grundsätzliche Verlassen des klassischen Projektoraufbaus dar. Zunächst drei Beispiele zur Modifikation des klassischen Aufbaus:

Sonderprojektoren für die hellen Sterne

Eine heute vielfach verwendete Methode geht davon aus, daß der Helligkeitseindruck für das Auge prinzipiell durch eine Vergrößerung aller Sternscheibchen erhöht werden kann, nur müssen alle hellen Sterne, die dabei einen zu großen Durchmesser erhalten würden, jeder einzeln durch einen eigenen Sonderprojektor dargestellt werden, weil so der hellere Eindruck durch eine Steigerung der Beleuchtungsstärke anstelle einer Scheibchenvergrößerung erreicht werden kann.

Der Weitwinkelkondensor

Eine weitere Methode stellt die Ausrüstung eines jeden Projektors mit einer eigenen Lichtquelle dar, weil auf diese Weise wesentlich mehr Strahlung von der Lampe über einen Weitwinkelkondensor aufgenommen und für die Projektion verwendet werden kann. Natürlich müssen die Lampen kleiner als die gemeinsame zentrale Lampe sein. Aber sowohl theoretische Berechnungen als auch praktische Versuche zeigen, daß trotzdem eine Intensitätssteigerung erzielt werden kann.

Die größten Reserven für eine Helligkeitssteigerung liegen jedoch in der Verbesserung der äußerst ungünstigen Lichtausnutzung bei allen Sternprojektionen überhaupt. Im klassischen Projektoraufbau beispielsweise muß das Diapositiv vollständig beleuchtet

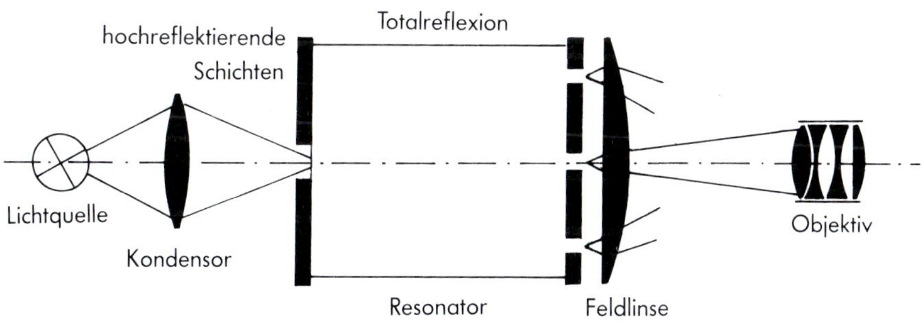

Bild 3.11
Prinzipskizze für den Aufbau des Resonatorprojektors; das nicht durch die Öffnungen gelangende Licht wird mehrfach reflektiert und der Sternmaske erneut angeboten.

Der Polygonprojektor

Die Sternfelder haben Polygongestalt, während die Kondensoren rotationssymmetrische Form besitzen. Dadurch entstehen tote Räume zwischen den Projektoren, in denen Licht für die Projektion ungenutzt bleibt. Wenn die Kondensoren ebenfalls als Polygone ausgebildet werden, können sie enger zusammen und näher an die Lichtquelle rükken. Der Intensitätsgewinn geht dabei mit der vierten Potenz der Kondensorverschiebung.

werden, aber nur ein sehr winziger Anteil des angebotenen Lichtes trägt wirklich zur Abbildung der Sterne aufgrund der sehr kleinen Öffnungen in der Sternmaske bei, während der Löwenanteil von der Maske zurückgehalten und in störende Wärme umgewandelt wird. Die folgende zahlenmäßige Abschätzung des Lichtwirkungsgrades der Sternprojektion verdeutlicht das.

Der Wirkungsgrad W läßt sich ausdrükken als das Verhältnis der gesamten Fläche aller an der Kuppel erzeugten Sternscheibchen F_S zur gesamten Kuppelfläche F (genauer: zur Vollkugel mit dem Radius R). Die

Fläche der Vollkugel ist $F = 4\pi R^2$, d. h. für das Beispiel einer 20-m-Kuppel $4\pi 10^8$ mm^2. Die Fläche F_S aller Sternscheibchen erhält man, wenn die Fläche eines Sternes der Größenklasse *m* mit der Anzahl der Sterne dieser Größe *m* multipliziert wird und wenn dann diese Produkte für alle Größenklassen bis hin zur 6,5ten Größe aufaddiert werden. D. h., F_S ergibt sich aus der Integration

$$F_S = \int_{-1}^{6,5} \frac{D^2(m)\,\pi}{4} \cdot \frac{dA(m)}{dm}\, dm \quad .$$

Dabei ist *D(m)* der Durchmesser des Sternscheibchens der Größenklasse *m*, das sich nach dem beschriebenen Pogsonschen Gesetz für das Beispiel der 20-m-Kuppel zu $D(m) = 20 \cdot 10^{-0,2(m+1)}$ ergibt, wenn dort für einen Stern der Größe −1 ein realisierter Wert von 20 mm angenommen wird. *A(m)* ist die Gesamtanzahl der Sterne von der Größe −1 bis zur Größe *m*, die für diesen Zweck in ausreichender Näherung durch $A(m) = 4{,}74 \cdot 10^{0,5m}$ beschrieben werden kann. Der gesuchte Wirkungsgrad *W* ist schließlich das Verhältnis der beiden Flächen $W = F_S/F$.

Nach Einsetzen der genannten Ausdrücke liefert die Ausrechnung für dieses Beispiel $W = 1/115\,000$, d. h., nur etwa der einhunderttausendste Teil des angebotenen Lichtes wird wirklich zur Abbildung der Sterne ausgenutzt.

Eine Verbesserung dieses Wirkungsgrades ist tatsächlich möglich, erfordert aber das grundsätzliche Verlassen des klassischen Projektoraufbaus, wie die folgenden beiden Beispiele zu neuesten Entwicklungen aus Jena zeigen.

Der Resonatorprojektor

Der Resonator ist hier ein Glaskörper, dessen Stirnseiten mit hochreflektierenden dielektrischen Schichten belegt sind und dessen Mantelflächen totalreflektieren. Die Schichten an der Austrittsseite sind als Sternmaske ausgebildet. Alles nicht zur Abbildung beitragende Licht wird im Resonator reflektiert und der Sternmaske erneut angeboten. Durch eine hohe Anzahl von Reflexionen gelangt insgesamt wesentlich mehr Strahlung durch die Öffnungen, und es wird die Intensität des Sternhimmels erhöht.

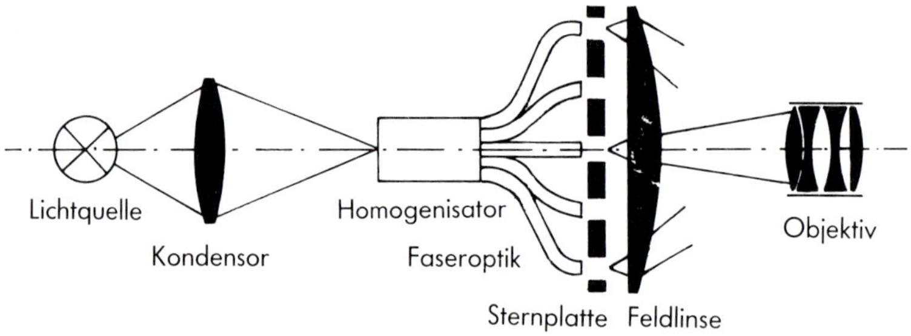

Bild 3.12
Wirkprinzip des Faserprojektors; das Licht der Lampe wird über Faseroptik unmittelbar und ausschließlich den Öffnungen in der Sternmaske zugeführt.

Der Faserprojektor

Die effektivste Methode besteht offensichtlich darin, das Licht der Lampe direkt und ausschließlich an die Öffnungen in der Sternmaske zu führen. Und das ist möglich mit Hilfe von Lichtleitfasern. Zwar sind eine Reihe von technologischen Problemen beim Einsatz von rund 10 000 einzelnen feinen Glasfasern zwischen Lampe und Sternplatte zu lösen, aber der hohe Gewinn rechtfertigt den Aufwand.

Durch die Verwendung von Fasern erzeugt im Universariumsprojektor aus Jena eine 100-Watt-Lampe einen wesentlich helleren Himmel als eine 1500-Watt-Lampe nach dem klassischen Aufbau.

Ein gewisses Maximum für die Helligkeit des Sternhimmels wird schließlich durch eine Weiterentwicklung erzielt, die auf der kombinierten Nutzung einer Metallogenlampe hoher Lichtausbeute und dem Faserprinzip beruht. In dieser Anordnung ist die Beleuchtungsstärke in einem solchen Maße gesteigert, daß sogar bei einer drastischen Reduzierung der Sternscheibchendurchmesser noch eine merkliche Erhöhung des Helligkeitseindruckes für das Auge verbleibt. Damit sind aber genau die beiden geforderten Voraussetzungen geschaffen, die zum gewünschten Strahlen der Sterne führen.

Bild 3.13
Röntgenaufnahme des Faserprojektors

Bild 3.14
Schnittmodell des Faserprojektors

Die Abbilder von Sonne, Mond und Planeten

⊙

Modell und Projektionsbild

⊙ In den zahlreichen frühen modellhaften Nachbildungen unseres Sonnensystems erscheinen Sonne, Mond und Planeten im allgemeinen als kugelförmige Gebilde, wobei allerdings die Größen und Entfernungsverhältnisse zugunsten einer Anschaulichkeit meist stark von der Wirklichkeit abweichen. Oftmals ist noch die jeweils charakteristische Oberflächengestalt angedeutet. Im Falle der Projektion erwartete man selbstverständlich, daß das äußere Erscheinungsbild von Sonne, Mond und Planeten dem natürlichen möglichst nahe kommen sollte. Die Erfüllung dieser Forderung ist noch relativ einfach, was die Oberflächenstrukturen, das „Gesicht" des Mondes anbelangt. Im allgemeinen genügt hier ein gutes Diapositiv. Wegen der größeren Wärmebeständigkeit hatte man in den früheren Hantelgeräten den Doppelprojektor unterschiedlich bestückt. Der eine besaß ein sehr hart wirkendes Mondbild in der Form einer Metallschicht, das durch eine einfache helle Scheibe ohne Bildinhalt aus dem zweiten Projektor überlagert und auf diese Weise zum natürlichen Eindruck „aufgeweicht" wurde.

Bei den Planeten erwies sich bereits der Übergang von kleinen, sternartigen Objekten zu teleskopischen Bildern wegen besserer Hervorhebung am Sternhimmel als sinnvoll. Jupiter zeigt damit im allgemeinen die kräftigsten seiner charakteristischen Streifen und Saturn den Ring, hin und wieder sogar in verschiedenen Stellungen zum Beobachter. Weit schwieriger gestaltete sich dagegen die Lösung der Probleme zu den Fragen der Helligkeiten von Sonne, Mond und Planeten, der technischen Ausführung des Phasenmechanismus und sogar hinsichtlich der zu realisierenden Bildgrößen.

Bild 3.15 Kontinuierliche Veränderung der Bildgröße mit Hilfe einer Optik variabler Brennweite (Zoom-Optik)

⊙ Die scheinbare Größe von Sonne und Mond

⊙ Sonne und Mond erscheinen uns am Himmel nahezu gleich groß, nämlich unter einem Winkel von rund einem halben Grad. Aufgrund der geringfügig veränderlichen Entfernungen zwischen Sonne und Erde einerseits und zwischen Erde und Mond andererseits schwanken genauer gesagt diese scheinbaren Größen zwischen 31′28″ und 32′32″ um einen mittleren Wert von 31′59″ bei der Sonne und zwischen 29′44″ und 33′32″ um den mittleren Wert von 32′5″ beim Mond (die Werte gelten vom Erdmittelpunkt aus gerechnet). Diese Schwankungen sind so gering, daß sie für das bloße Auge nicht auffallen. Auf eine Realisierung im Projektor konnte deshalb verzichtet werden.

Aber auch die naheliegende naturgetreue Darstellung von Sonne und Mond in der Größe von einem halben Grad wurde bei der Projektion in der Kuppel überraschenderweise ganz auffallend als zu klein empfunden. Natürlich befindet sich der Betrachter in unterschiedlichen Entfernungen zur Kuppel, die teilweise auch größer als der Kuppelradius sind, aber es spielen hier wahrscheinlich noch andere Effekte eine entscheidende Rolle. Die scheinbare Größe von Sonne und Mond wird in der Natur fast durchweg überschätzt. Das verdeutlichen die folgenden beiden Beispiele:

Bringt man ein Stück Papier in deutliche Sehweite, also in eine Entfernung von 25 cm vom Auge, dann genügt bereits eine Öffnung von 2,5 mm im Papier, um Sonne oder Vollmond vollständig in dieser Öffnung zu sehen.

Denkt man sich vom Ostpunkt aus, durch den Zenit hindurch bis hin zum Westpunkt, einen Vollmond über den anderen gesetzt, dann würde auf diesem Kreisbogen von Horizont zu Horizont der Vollmond 347mal aneinandergereiht werden können.

In beiden Fällen ist man im allgemeinen überrascht von der geringen scheinbaren Größe.

Zusätzlich meinen wir, Sonne und Mond in Horizontnähe größer zu sehen, als wenn sie hoch am Himmel stünden. Dieser Effekt beruht nicht auf einer wirklichen Änderung der scheinbaren Größe, sondern auf einer Täuschung. Die Möglichkeit des Vergleiches mit irdischen Objekten in Horizontnähe läßt sie uns größer erscheinen. Mit Meßinstrumenten kann man sogar das Gegenteil nachweisen. Durch die Brechung der Lichtstrahlen in der Erdatmosphäre bleibt zwar der in horizontaler Richtung gemessene Durchmesser unverändert, aber der in senkrechter Richtung gemessene Wert ist etwas kleiner, so daß die Bilder ellipsenförmig deformiert erscheinen. Zusätzlich ist die Entfernung Beobachter – Mond um den Erdradius geringer bei der Stellung des Mondes im Zenit gegenüber der Stellung am Horizont. Der daraus resultierende Größenunterschied beträgt rund 1/60 des Vollmonddurchmessers. Bei der Sonne wird dieser letztgenannte Effekt aufgrund der großen Entfernung unbedeutend.

Die Erfahrung führt uns zu der paradoxen Feststellung: Um im Planetarium dem Auge einen naturgetreuen Anblick von Sonne und Mond zu bieten, müssen beide übernatürlich groß projiziert werden. Die in den verschiedenen Geräten realisierten Werte unterscheiden sich geringfügig. Sie liegen im allgemeinen in der Nähe der doppelten Größe.

Einige Projektoren für Sonne und Mond sind sogar mit Zoom-Optiken, also mit Objektiven veränderlicher Brennweite, ausgerüstet. Sie erlauben zusätzlich die Nachahmung der optischen Täuschung der am Horizont größer erscheinenden Himmelskörper. Sonne und Mond können auf diese Weise übertrieben groß aufgehen und beim Höhersteigen allmählich kleiner werden.

⊙ Wie hell müssen Sonne und Mond im Planetarium scheinen?

⊙ Das bei den Fixsternen aufgestellte Pogsonsche Gesetz hat man nach negativen Zahlenwerten hin erweitert, um auch helle Objekte wie Planeten und sogar Mond und Sonne noch zu erfassen. Danach erreichen beispielsweise die Venus im Maximum eine scheinbare Helligkeit von rund –4 , der Vollmond von –12,5 und die Sonne von knapp –27.

Wollte man die bei den Fixsternen angestrebte naturgetreue Nachbildung der Intensitätsverhältnisse auch zu helleren Objekten hin fortsetzen, so würden sich sehr bald technisch unsinnige Forderungen ergeben. Das verdeutlicht folgende Abschätzung:

Drücken wir die in den Bildern an der Kuppel erzeugte Beleuchtungsstärke als Funktion des Objektivdurchmessers vom Projektor aus, so gilt näherungsweise, einen Projektoraufbau mit optimaler Ausleuchtung vorausgesetzt,

$$E = \frac{1}{16R^2} \cdot \frac{\Phi}{F_W} \cdot d^2$$

Φ Gesamtlichtstrom der Lampe in Lumen

F_w wirksame Wendelfläche in mm

R Projektionsentfernung in m

d Durchmesser des Projektionsobjektes in mm

E Beleuchtungsstärke in Lux

Für einen bestimmten Lampentyp, also z. B. für Halogenlampen, ändert sich der Wert von Φ/F_W nur geringfügig mit der Lampenleistung. Bei einer Halogenlampe von 12 V/100 W liegt er beispielsweise bei 312 lm/mm² und für eine solche von 24 V/250 W bei 340 lm/mm². Für unsere Abschätzung können wir ihn als konstant annehmen, so daß sich im Falle von Halogenlampen schreiben läßt:

$$E = \frac{20}{R^2} \cdot d^2$$

Zur Steigerung der Beleuchtungsstärke ist zwar die Erhöhung der Lampenleistung notwendig, sie genügt aber nicht allein. Wie diese Beziehung zeigt, muß der Projektor auch ein ausreichend großes Objektiv besitzen, der alles Licht „hindurchläßt". Die erzielte Beleuchtungsstärke ist für einen bestimmten Lampentyp, bei optimaler Ausleuchtung des Objektives, proportional der Fläche des Projektionsobjektives.

Gehen wir von einem Fixsternprojektor mit einer Aperturblende von 20 mm aus, der die Sterne bis zur 0ten Größenklasse unter einem Winkel bis zu 6 Bogenminuten projiziert, dann stellen sich an einen Venus- bzw. an einen Mondprojektor folgende Forderungen: Die Venus mit der Größenklasse –4 ist 40mal heller als der Stern 0ter Größe. Soll sie ebenfalls unter dem Winkel von 6 Bogenminuten erscheinen, dann muß das Bild eine 40mal größere Beleuchtungsstärke aufweisen. Nach obiger Beziehung braucht der Projektor die 6,3fache Apertur, d. h., der Objektivdurchmesser muß bereits 126 mm betragen.

Beim Mond ist das Intensitätsverhältnis 100 000:1. Einen Faktor 64 nimmt davon das achtmal größere Mondbild auf, so daß

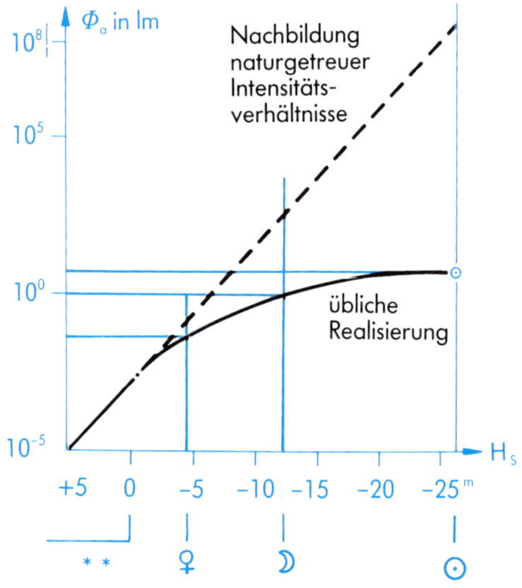

Bild 3.16
Aufzuwendender Lichtstrom Φ_a in Abhängigkeit von der scheinbaren Helligkeit Hs bei der Projektion astronomischer Objekte im Planetarium

für die Beleuchtungsstärke ein Faktor von 1 563 und für den Durchmesser der Optik von 40 bleiben. Das ergibt ein Objektiv von bereits 800 mm Durchmesser. Völlig undiskutabel werden die Verhältnisse, wenn auch die Sonne noch in die Betrachtungen einbezogen wird.

Die nicht durchführbare technische Realisierung ist aber nur die eine Seite des Problems. Eine zu helle Sonne ist auch aus Gründen der Adaption, der Anpassung unserer Augen an die Dunkelheit im Planetarium, nicht sinnvoll.

In der Natur beträgt der Leuchtdichteunterschied vom Sonnenschein zur Vollmondhelligkeit bereits 100 000:1 und bis zur mondlosen, sternenklaren Nacht sogar rund 1 Milliarde:1. Aus diesem Grunde braucht das Auge beim Übergang vom grellen Tageslicht in die dunkle Planetariumskuppel schon etwa 10 bis 15 Minuten Zeit, um schwächere Sterne wahrnehmen zu können.

Darüber hinaus wird vom Planetarium sogar die gleichzeitige Demonstration von Sonne und Sternen erwartet. Es wird deshalb eine Sonne von etwa 400 Lux Beleuchtungsstärke in einer 23-m-Kuppel, wie sie nur von wenigen Projektoren in der Praxis noch erreicht wird, vom Besucher bereits als sehr hell empfunden. Und dabei entspricht das noch nicht einmal der Vollmondhelligkeit in der Natur. Hinzu kommt noch die absichtliche Ausbildung eines hellen Scheines um die Sonne herum, die Darstellung der Aureole, die den natürlichen Eindruck der von der Sonne ausgehenden Überstrahlung simulieren soll. Zur gleichzeitigen Betrachtung von Sonne und Sternhimmelhintergrund muß deshalb im allgemeinen die Sonne bereits etwas abgedunkelt werden.

Trotzdem verlangt die Realisierung dieser Beleuchtungsstärke von 400 Lux in der 23-m-Kuppel bereits ein großes Projektionsobjektiv und den Einsatz einer leistungstarken Lampe, die wieder eine störende Wärmeentwicklung nach sich zieht. Zusammenfassend ergibt sich für die Realisierung von

Bild 3.17
Die Integration des Finsternismechanismus in den Sonnenprojektor ermöglicht die Darstellung des natürlichen Ablaufs auch während der Gerätebewegungen.
Grafik: E. Decker

Helligkeiten astronomischer Objekte für das Planetarium die im Bild dargestellte Situation: Im Bereich der Fixsterne folgt man in Nachahmung naturgetreuer Verhältnisse dem Pogsonschen Gesetz. Die Kurve der Realisierung deckt sich dort mit der Kurve der naturgetreuen Nachbildung. Nach größeren Helligkeiten hin wird eine zunehmende Abweichung nötig und zugleich auch sinnvoll. Die Eichung auf die Absolutwerte des Lichtstromes ist in dieser Skizze auf der Grundlage einer Realisierung von 10 Lux Beleuchtungsstärke für die Fixsterne und von 400 Lux für die Sonne in einer 23-m-Kuppel durchgeführt.

Während einerseits besondere Anstrengungen zum Erreichen dieser optimalen Helligkeit der Sonne unternommen werden, so stellt auch umgekehrt die Simulation des allmählichen Abdunkelns bei Annäherung an den Horizont und das völlige Abschatten darunter ein ebensolches Problem dar. In den meisten Fällen wird es durch eine Schwerkraftblende im Inneren des Projektors in ausgewählter Position zwischen Apertur-

Bild 3.18
Sichel des Mondes im Alter von 4 Tagen, Aufnahme aus dem Berliner Mondatlas von A. Voigt und H. Giebler

und Gesichtsfeldblende gelöst, die sich bei Annäherung an die horizontale Lage des Projektors in den Strahlengang schwenkt. Oft wird am Rande der Blende noch ein schmales Rotfilter angebracht, womit sich eine Rotfärbung der Sonne in Horizontnähe erzielen läßt.

Im Falle des digital gesteuerten, gesondert stehenden Sonnenprojektors ist diese Blendeneinrichtung nicht mehr nötig. Der Rechner ermittelt die Sonnenhöhe über dem Horizont und steuert entsprechend die Helligkeit.

⊙

Der Mondphasenmechanismus

⊙ Eines der frühesten Geschenke des Sternhimmels an den Menschen sind Maße für die Zeit in Form periodisch wiederkehrender Erscheinungen. Neben dem Wechsel von Tag und Nacht und der Wiederholung der Jahreszeitenfolge diente die sehr auffällige Änderung der Phasengestalt des Mondes in allen frühen Kulturen als Basis für einen Kalender. Noch heute legen wir das Datum für Ostern, und damit auch für Fastnacht (sieben Wochen vor Ostern) und Pfingsten (sieben Wochen nach Ostern), nach dem Vollmond fest. In der islamischen Welt richtet sich der Zeitpunkt für den Beginn des Fastenmonats Ramadan nach dem Mondlauf. Mit peinlicher Sorgfalt wird dabei auf das Wiedererscheinen der schmalen Mondsichel nach Sonnenuntergang geachtet.

Es ist deshalb nicht verwunderlich, wenn bereits in frühen Modellen der Himmelsnachbildung gesteigerter Wert auf die Anzeige und Veranschaulichung der Mondphasen gelegt wurde. Diese Aufgabe mag auf den ersten Blick einfach erscheinen. Ihre Realisierung stellt aber eines der schwierigsten Probleme beim Bau von Planetarien dar.

Nach unseren heutigen Kenntnissen verfügten die Sphäre des Archimedes und auch die Antikythera-Maschine über eine Mondphasenanzeige. Leider sind keine Details über die Art der Ausführung überliefert. Dagegen sind Exemplare solcher Mechanismen, wie sie in den ebenen Astrolabien der Araber Verwendung fanden, noch heute erhalten.

Die meist einfachen Aufbauten benutzten eine ebene drehbare Scheibe mit zwei diametral zum Mittelpunkt aufgebrachten dunklen Kreisflächen, die sich hinter einer Blende wechselweise in eine gleichgroße kreisförmige Öffnung bewegten (Bild 3.19). Jedesmal, wenn beim Drehen der Scheibe, entgegengesetzt dem Uhrzeigersinn, die eine dunkle Fläche am linken Blendenrand verschwand und damit den zunehmenden Mond zum Vollmond werden ließ, schob sich am rechten Blendenrand die zweite dunkle Fläche herein, um die abnehmenden Phasen zu erzeugen. Die schmalen Sicheln werden auf diese Weise noch einigermaßen richtig dargestellt. Dagegen weichen die Formen, besonders in Vollmondnähe, stark von den natürlichen Verhältnissen ab.

An den großen astronomischen Schauuhren sind zwei weitere Phasenmechanismen in Gebrauch. Der eine lehnt sich an das in den ebenen Astrolabien verwirklichte Prinzip an, aber die drehbare Scheibe trägt jetzt anstelle der dunklen Flächen zwei Vollmondbilder, die sich hinter zwei halbkreisförmigen Blenden bewegen und beim Drehen im Uhrzeigersinn die Phasen entstehen lassen (Bild 3.20). Es ergeben sich dabei ähnliche Formabweichungen wie im Falle der Astrolabien. Eine Ausführung dieser Art besaß die zweite astronomische Uhr in der Kathedrale von Strasbourg.

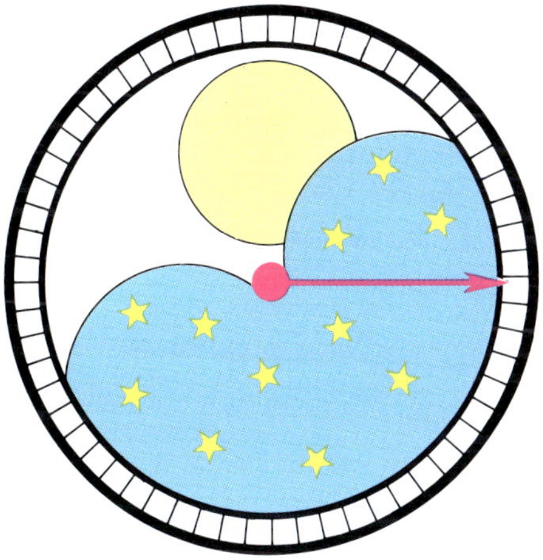

Bild 3.20
Ein vielfach an astronomischen Schauuhren verwendetes Prinzip zur Darstellung der Mondphasen

Eine exakte Darstellung der Phasen erreichte man dagegen mit einer Nachbildung der natürlichen Verhältnisse durch eine rotierende, halb hell und halb dunkel gestaltete Kugel. Die erste Einrichtung dieser Art ist wahrscheinlich die an der Kathedrale St. Peter im englischen Exeter aus dem Jahre 1423. Solche Ausführungen finden wir auch heute noch oft an astronomischen Schauuhren.

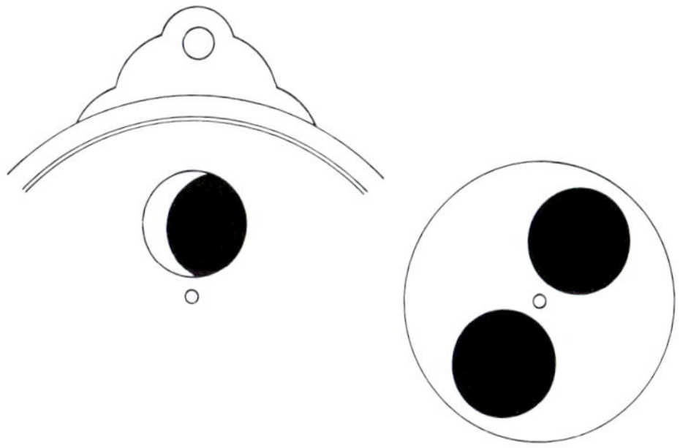

Bild 3.19
Prinzip zur Darstellung der Mondphasen in den Astrolabien

Viel komplizierter gestaltet sich das Problem der Phasendarstellung im Falle der Projektion. Geometrisch formuliert muß eine elliptisch geformte Licht-Schatten-Grenze variabler Exzentrizität innerhalb einer kreisförmigen Öffnung realisiert werden.

Der erste Entwurf zu Beginn der zwanziger Jahre sah, in Anlehnung an die Idee der sich drehenden Kugel, die Verwendung einer zur Hälfte geschwärzten, mattierten Glühlampe vor. Diese rotierende Lampe sollte mit Hilfe eines Objektives an die Kuppel abgebildet werden. Dieses Prinzip gestattet zwar die Erzeugung natürlicher Phasenformen, das Mondbild zeigt aber von der Mitte nach dem Rand hin einen starken Helligkeitsabfall, da das Objektiv im wesentlichen die Strahlen von der Lampenmitte und nur sehr wenige vom Lampenrand erfaßt. Diese Lösungsvariante wurde deshalb bald wieder verworfen. Trotzdem ist sie in dem ersten Kleinplanetarium von G. Kiehlmann im Jahre 1935 in dieser Ausführung realisiert worden. Man hatte hier den Nachteil der ungleichmäßigen Ausleuchtung des Mondes in Kauf genommen.

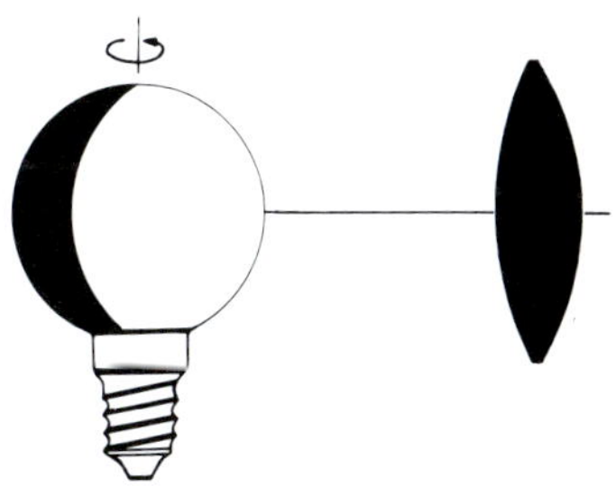

Bild 3.21
Rotierende halbgeschwärzte Lampe als Phasenmechanismus in Projektionsplanetarien

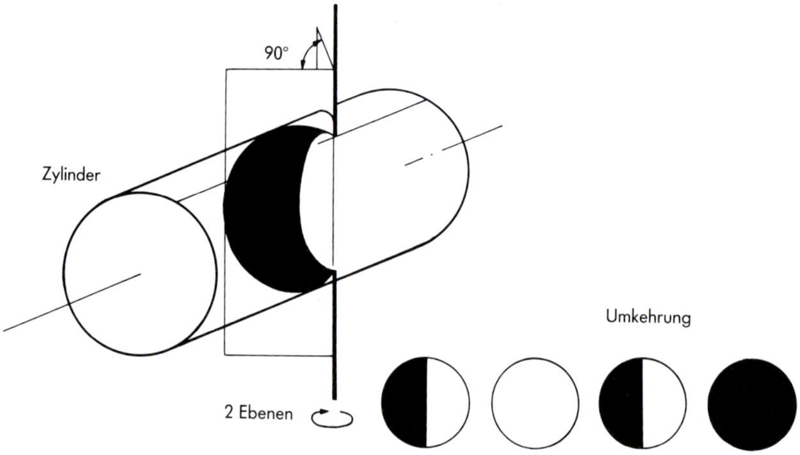

Bild 3.22
Eine rotierende Blende, die in ihrer Form einer Apfelsinenschale ähnelt, liefert realistische Phasenformen.

Im Modell I von 1923 wurde ein Diapositiv des Mondes in eine kreisförmige Öffnung abgebildet und dahinter eine Blende spezieller Form drehbar angeordnet. Das Bild 3.22 vermittelt eine Vorstellung vom Aussehen der Blende. Die beiden, jeweils unter 45° zur Achse des Zylinders stehenden Ebenen schneiden aus ihm Ellipsen von genau der Gestalt aus, die einerseits beim Blick in Richtung der Zylinderachse die geforderte kreisförmige Begrenzung für den Vollmond ergeben, die andererseits aber auch beim Blick von der Seite senkrecht zum Zylinder eine genau kreisförmige Abdeckung für den Neumond liefern und zusätzlich in jeder Zwischenstellung die richtige elliptische Bildbegrenzung erzeugen. In der praktischen Anwendung führt lediglich die nicht unendlich dünne Wandstärke des zylindrischen Rohres zu einer Abweichung von diesem Idealfall. Damit lassen sich die Phasen sehr gut darstellen. Insbesondere treten die Hörnerspitzen der schmalen Mondsichel sehr deutlich in Erscheinung. Der Ablauf funktioniert aber nur für eine Lunation, d. h. für die Zeit von Vollmond bis wieder zum Vollmond. Bei der weiteren Drehung entstehen statt der richtigen Phasen deren Spiegelbilder. Aus diesem Grunde wurden zwei Projektoren nach dem gleichen Aufbau, aber mit um 180° versetzter Blende wechselweise benutzt. Blenden, die zur Vollmondzeit in den Strahlengang geschwenkt wurden, sorgten für die Unterdrükkung der jeweiligen, falsch ablaufenden Perioden.

Dasselbe Prinzip, allerdings ohne alternierend eingesetzte Projektoren, ist auch später wieder in den Kleinplanetarien aus Jena verwendet worden. Im ersten Gerätetyp spielte die Reihenfolge wegen der Einstellung der Mondphasen von Hand keine Rolle, während beim mechanisierten Mondlauf im Nachfolgegerät ein Federzug für das plötzliche, vom Auge nicht mehr wahrnehmbare Zurückschnellen des Blendenkörpers um 180° im Moment des Vollmondes sorgte.

Für die Seriengeräte ab 1926 wählte man dagegen einen anderen Aufbau, der auch heute noch in verschiedenen Geräteausführungen Verwendung findet. Und zwar ließ man eine geschwärzte Halbkugelschale um einen Spiegel rotieren, auf den ein Dia des Mondes abgebildet wurde. Auf diese Weise konnte immer nur derjenige Teil des Vollmondbildes von dem Spiegel reflektiert werden und zur Abbildung an der Kuppel beitragen, der gerade nicht von dieser Kugelkalotte verdeckt war. Und dieses jeweils freie

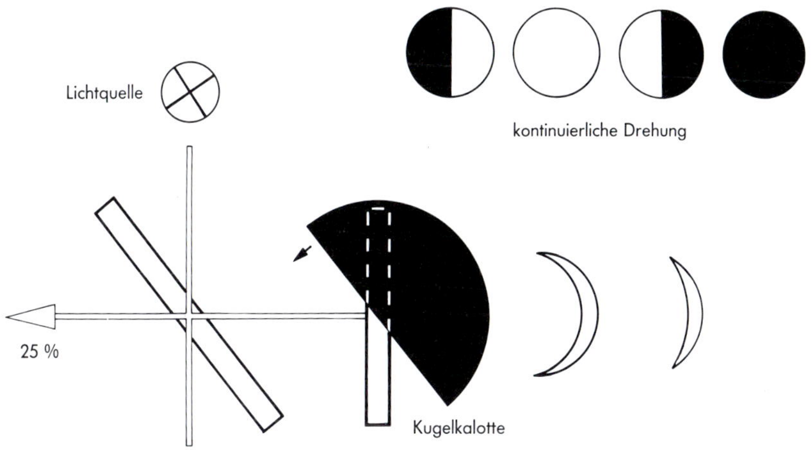

Bild 3.23
Rotierende Kugelkalotte – der klassische Phasenmechanismus

Stück liefert die gewünschten Gestalten der Mondphasen. Allerdings sind bei der schmalen Sichel die Hörnerspitzen nicht so gut ausgeprägt, weil zwischen Spiegel und Kalotte ein gewisses Spiel für die Rotation nötig ist. Zusätzlich braucht die Projektion über den Spiegel eine halbdurchlässige Platte, die zweimal durchlaufen wird, so daß die Abbildung nur 25 % des Lichtes verwertet.

Eine weitere Ausführung verwendet, ähnlich wie bei einem Fotozentralverschluß, einen Satz von dünnen, der jeweiligen Phasenform des Mondes angepaßten Lamellen. Diese Lamellen werden nacheinander vor einer kreisförmigen, den Vollmond darstellenden Blende in den Strahlengang bewegt. Sie schatten den jeweils nicht sichtbaren Teil des Mondbildes ab. Für die Projektion an die Kuppel ist dabei der nahezu in einer Ebene liegende Mechanismus gegenüber dem sonst räumlich ausgedehnten von Vorteil.

Einer anderen Gruppe technischer Realisierungen liegt der schnelle Wechsel verschiedener Phasenbilder zugrunde. Hierzu gehört die Verwendung einer Filmschleife oder das schrittweise Drehen einer Scheibe, an deren Peripherie die Bildfolge aufgetragen ist.

Verschiedene weitere Abwandlungen der genannten Prinzipien befinden sich im Einsatz. Kein Prinzip ist frei von irgendwelchen Nachteilen. Besonders hoch ist die mechanische Belastung aufgrund des raschen Phasenwechsels. In vielen Geräten ist der Ablauf einer vollen Lunation in der Größenordnung von einer Sekunde verwirklicht.

Die Dauer des synodischen Monates von 29,5 Tagen muß dabei in zeitlicher Übereinstimmung mit den anderen Abläufen stehen, beispielsweise mit dem Umlauf des Mondes vor dem Sternhimmel in 27,3 Tagen. Im ebenen Astrolab des Muhammad ibn Abi Bakr aus dem Jahre 1221 lieferte bereits ein sehr einfaches Getriebe einen Umlauf der Doppelphasenplatte von 59 Tagen gegenüber einem realisierten Mondumlauf von 27 $^{3}/_{13}$ Tagen. Heutige Ausführungen bilden die Verhältnisse mit sehr hoher Genauigkeit nach.

Der Sternhimmel in seinen Bewegungen

⊙ Das analoge und das digitale Darstellungsprinzip

⊙ Ein Planetariumsprojektor ist im Grunde nichts anderes als eine Anhäufung, eine Kombination von vielen Diaprojektoren mit den entsprechenden astronomischen Bildinhalten wie Fixsternhimmel, Sonne, Mond, Planeten, Kometen, Sternbildfiguren u. a. Zur vielgerühmten Raum-Zeit-Maschine wird aber der komplexe Lichtbilderapparat erst durch spezifische Bewegungen der Projektoren. Sie bestimmen gleichzeitig wesentlich den Aufbau des Instrumentes.

In der Art der Bewegungsrealisierung kommen heute zwei grundsätzlich verschiedene Prinzipien zur Anwendung. Das eine ist das analoge und das andere das digitale Darstellungsprinzip.

Im ersten Falle werden die astronomischen Gesetzmäßigkeiten durch die Nachbildung der Natur im mechanischen Modell verwirklicht. Für den Ablauf der Zeit in verschieden starker Raffung bedarf es nur eines in der Geschwindigkeit steuerbaren Antriebes, der das Modell in Gang setzt. Der naturgetreue mechanische Nachbau allein gewährleistet dann auch die naturgetreuen astronomischen Bewegungsabläufe bzw. die Einstellung der richtigen Gestirnpositionen für einen bestimmten Zeitpunkt. Das Gerät mit diesem Aufbau ist ein mechanischer Analogrechner.

Beim digitalen Darstellungsprinzip liegen die astronomischen Gesetzmäßigkeiten vollständig in der Form von Rechnerprogrammen vor. Die softwaremäßig ermittelten Ergebnisse werden entweder direkt auf eine Kathodenstrahlröhre übertragen, oder sie werden in der Form mathematischer Funktionen mehreren Antriebselementen zugeführt, die in der kombinierten Wirkung die gewünschten Bewegungen erzeugen. Die Antriebselemente und die Lage von Rotationsachsen haben hier keinerlei astronomische Bedeutung mehr, sie sind rein mathematischer Natur.

Das analoge Prinzip liegt im wesentlichen den klassischen Projektionsplanetarien zugrunde, während das digitale erst im Zeitalter der Rechner zur Verfügung stand und überwiegend in Einrichtungen nach der Art des Amphitheaters Anwendung findet.

Auch alle früheren Planetariumsmodelle beruhen verständlicherweise auf dem analogen Prinzip. Sie müssen damit gleichzeitig auch ein Spiegelbild des jeweiligen Weltbildes darstellen. So lag der Sphäre des Archimedes das Schalenmodell von der damaligen Vorstellung über den Aufbau der Welt nach Eudoxus zugrunde, oder die Modelle in der Zeit von Ptolemäus bis Kopernikus benutzten für die Darstellung der Planetenbewegung grundsätzlich zwei sich drehende Kreisscheiben als Nachbildung von Epizykel und Deferent gemäß der allgemein anerkannten Epizyklentheorie, während in der Folgezeit mechanische Modelle zur Vergegenständlichung der Keplerschen Gesetze geschaffen wurden. Diese mechanischen Analogrechner konnten deshalb auch nie genauer sein als die Beschreibung der Natur durch die zugrunde liegenden Weltmodelle.

Die analogen Modelle lassen in ihrer Realisierungsart noch deutlich einen Unterschied erkennen zwischen Gerätebewegungen, an denen jeweils der größte Teil des Instrumentes beteiligt ist, wie etwa bei der Nachahmung von Auf- und Untergang der Gestirne, und zwischen der Darstellung von Bewegungen eines einzelnen Himmelskörpers, beispielsweise eines Planeten. Sie sollen deshalb getrennt betrachtet werden.

Die astronomischen Grundbewegungen im Analogmodell

⊙ Fast alle Planetariumsmodelle nach dem analogen Prinzip sind wenigstens um drei Achsen drehbar. Jede von ihnen dient der Nachbildung eines entsprechenden Naturvorganges. Eine der wesentlichsten bewirkt die Geräterotation zur Simulation der täglichen Bewegung mit Auf- und Untergang der Gestirne. Eine zweite verändert die Lage des Projektors mit dem Ziel der Variation der geographischen Breite des Beobachtungsortes. Eine dritte ermöglicht die Nachahmung der Kreiselbewegung der Erde und die damit verbundene Veränderung in den Stellungen des Sternhimmels.

Die Gerätebewegungen um diese drei Achsen sind bereits die Grundlage zur Darstellung des Himmelsanblickes für verschiedene Orte und verschiedene Zeiten. Ihre Realisierung ist sogar schon in dem von Ptolemäus im Almagest beschriebenen Himmelsglobus zu finden.

Mehrere der heutigen Geräte besitzen noch eine vierte Grundbewegung, die eine Rotation des gesamten Projektors um eine vertikale Achse ermöglicht. Sie bildet eine Ausnahme, da sie nicht unmittelbar einen astronomischen Vorgang repräsentiert.

Alle diese durch den Geräteaufbau mechanisch realisierten Achsen schneiden sich in einem gemeinsamen Punkt. Dieser Schnittpunkt definiert den Mittelpunkt des Planetariumsinstrumentes, und er liegt auch gleichzeitig im Kuppelmittelpunkt. Auf diese Weise behält jeder irgendwo am Gerät befindliche Projektor bei allen diesen Bewegungen seine Entfernung und Neigung zur kugelförmigen Kuppel stets bei. Es sind deshalb keinerlei Umfokussierungen oder Änderungen der Bildinhalte während der Bewegungen nötig.

Die Achsen weisen noch eine „Schachtelung " von innen nach außen derart auf, daß bei der Drehung um die äußere Achse die Lage einer inneren im Kuppelraum mit verändert wird, während sich bei der Drehung um eine innere Achse die Lage der äußeren in der Kuppel nicht ändert. Dementsprechend ist die Reihenfolge von innen nach außen: Präzessionsbewegung, Tagesbewegung, Polhöhenänderung, Azimutbewegung.

Die Tagesbewegung

Die scheinbare tägliche Drehung des gesamten Sternhimmels um den Himmelspol, d. h. um den Punkt, zu dem die Erdachse zeigt, läßt sich am einfachsten nachbilden durch die Schaffung einer entsprechenden Instrumentenachse, deren Lage in bezug auf die

Bild 3.24
Handschriftliche Aufzeichnungen von Bauersfeld zur Bewegung des Mondes, Verarbeitung eines Vorschlages von F. Meyer, 1920

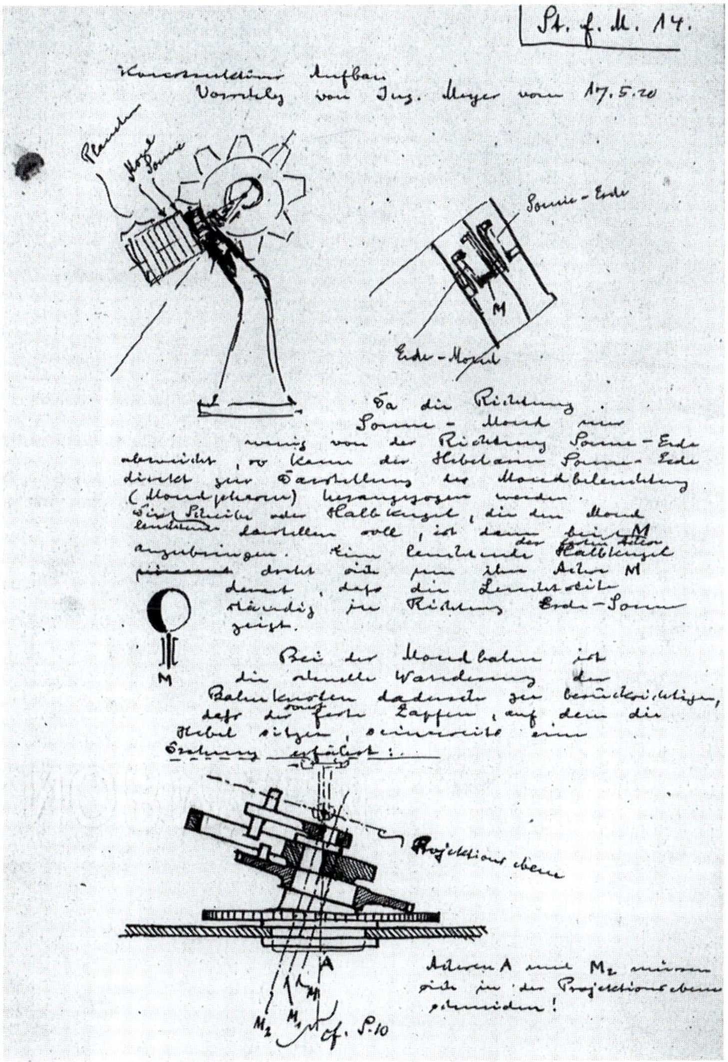

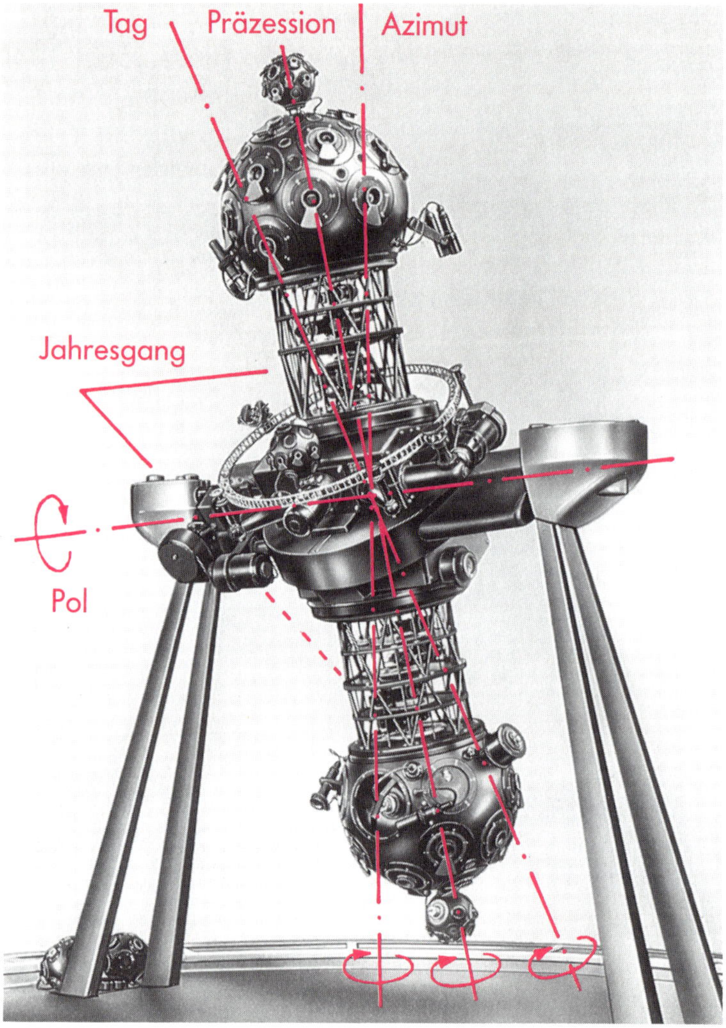

Zukunft und dem Zurückgehen in die Vergangenheit. Einen solchen Aufbau zeigen auch bereits frühe Modelle der Armillarsphären und Globen. Den Antrieb besorgte dort oftmals fließendes Wasser, tropfendes Quecksilber oder auch die Betätigung einer Handkurbel.

Die Variation der geographischen Breite des Beobachtungsortes

Die dafür notwendigen Eigenschaften des Instrumentes lassen sich unmittelbar aus einer Skizze ablesen (Bild 3.27), in der das Gerät an verschiedenen Orten der Erde eingezeichnet ist. Zur naturgetreuen Nachahmung muß der Projektor stets raumfest zum Sternhimmel stehen, d. h., die Achse für die tägliche Drehung zeigt stets zum Himmelspol und die Figurenachse zum Ekliptikpol. Dagegen ändert sich die Lage der Horizontebene des Beobachters und damit auch die Lage für den Unterbau des Gerätes. Für uns aber, die wir aufgrund der Schwerkraftwir-

Bild 3.25
Gerätehauptbewegungen; Drehungen des Projektors um die eingezeichneten Achsen repräsentieren entsprechende Naturvorgänge.

Bild 3.26
Die Spuren der Sterne während einiger Tagesstunden spiegeln die Rotation der Erde um ihre Achse wider.
Aufnahme: P. Rucks

einzelnen Projektoren ebenfalls ihre ständige Ausrichtung nach dem in der Kuppel projizierten Himmelspol garantiert. Die Drehung um eine solche Geräteachse muß dann den Auf- und Untergang der Gestirne naturgetreu nachahmen. Die eigentliche Bewegung besorgt ein Antriebsmotor mit Getriebe und Steuerung. Die Einstellung verschiedener Geschwindigkeiten ermöglicht die Realisierung unterschiedlich starker Zeitraffungen, ein Drehrichtungswechsel die Änderung zwischen dem Vorwärtsschreiten in die

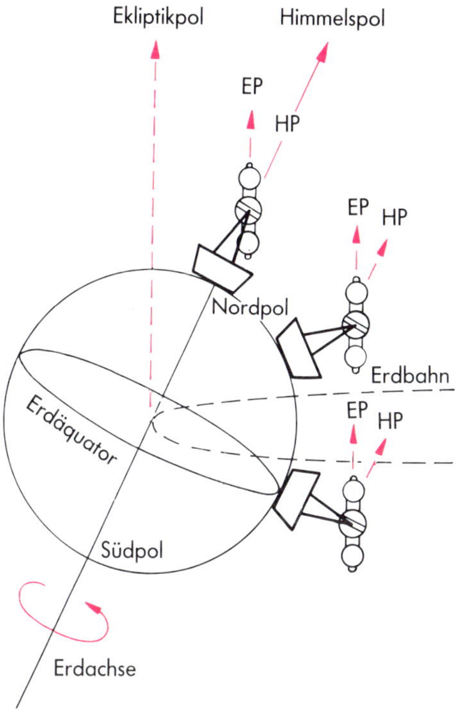

Bild 3.27
Die Darstellung des Sternhimmels für verschiedene geographische Breiten erfordert die Drehung des Projektors um eine horizontale Achse.

kung die Horizontebene als feststehend betrachten, drückt sich die Variation der geographischen Breite durch eine Neigungsänderung des Projektors, d.h. durch die Drehung um eine horizontale Geräteachse aus. Auf diese Weise gelangt der projizierte Himmelspol zu verschiedenen Höhen über dem Kuppelhorizont. Entsprechend erhalten die Tagesbogen der Gestirne unterschiedliche Neigungen in der Kuppel. Der tägliche Lauf erfolgt naturgemäß ohne Auf- und Untergang parallel zum Horizont an den Polen der Erde, und die Gestirne steigen senkrecht empor und herab am Erdäquator.

Präzessionsbewegung

Aufgrund einer Kreiselbewegung der Erde ist die Erdachse nicht konstant auf denselben Ort am Sternhimmel ausgerichtet. Der Himmelspol bewegt sich in knapp 26 000 Jahren einmal um den Ekliptikpol herum. Auch diese Veränderungen sind durch die Einführung einer zum Ekliptikpol ausgerichteten Geräteachse nachahmbar. Das ist im allgemeinen auch die Figurenachse des Gerätes. Die Verlagerung der Sternkugeln um diese Achse garantiert naturgetreue Erscheinungen wie die Sichtbarkeit des südlichen Kreuzes für Mitteleuropa vor rund 9000 Jahren oder das allmähliche Untertauchen der großen Bärin unter den Nordhorizont für unsere Breiten.

Azimutbewegung

Gelegentlich ist eine Rotation des gesamten Gerätes um eine vertikale Achse realisiert. Diese Drehung hat keine unmittelbare astronomische Bedeutung. Bei Anordnung der Sitzreihen in eine Richtung läßt sich der interessierende Bildinhalt in die Vorzugsrichtung bringen, d. h., diese Bewegung simuliert ein „Umdrehen des Beobachters" in der Natur.

Bild 3.28
Scheinbare Verschiebung der Sterne parallel zur Ekliptik als Auswirkung der Kreiselbewegung der Erde. Aufnahme: R. Munschke.

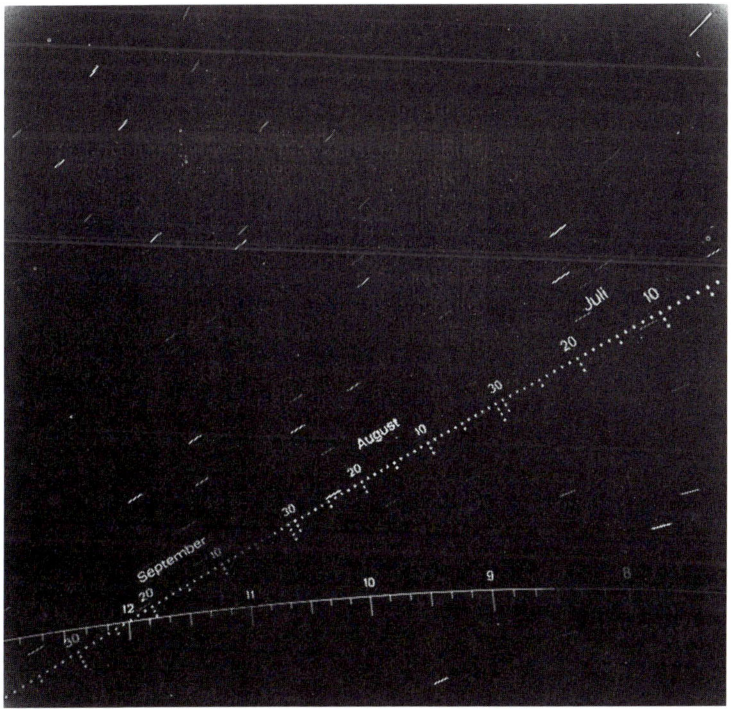

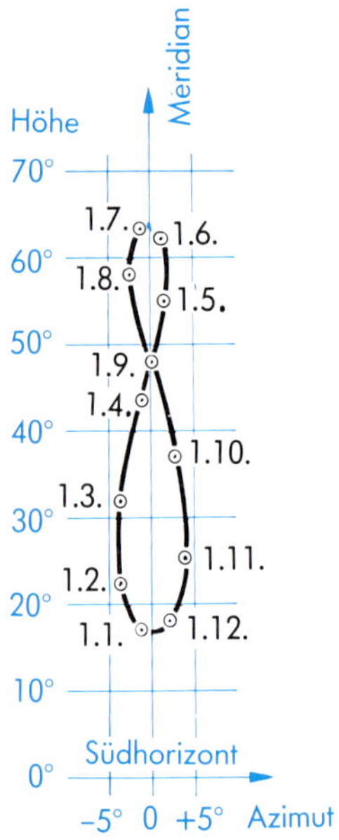

Bild 3.29
Die Mittagsstände der Sonne nach mittlerer Ortszeit ergeben im Laufe des Jahres die Form der Analemma. Im Planetarium entsteht sie durch die gleichzeitige Benutzung von Tages- und Jahresbewegung.

Ausnutzung der Geräteachsen zur Darstellung von Raumfahrteffekten

Der Aufbau des klassischen Planetariumsprojektors ist zwar für die Demonstration geozentrischer Erscheinungen konzipiert, aber im Zeitalter der Raumfahrt war man auf Möglichkeiten der Nachahmung extraterrestrischer Bewegungsvorgänge mit Hilfe der vorhandenen Achsen aufmerksam geworden. Für Mond, Venus und Jupiter liegt der Himmelspol in unmittelbarer Nähe unseres Ekliptikpoles. Das Umfunktionieren der Achse für die Präzessionsbewegung gestattet die naturgetreue Darstellung vom Auf- und Untergang der Gestirne auf diesen Himmelskörpern. Weiterhin gelangt der Himmelspol für die Erde bei seiner 26 000jährigen Wanderung am Sternhimmel dicht in die Nähe der Orte, an denen sich heute die Himmelspole einiger Planeten befinden, und zwar im Jahre 2 750 für Saturn, im Jahre 8 950 für Mars und im Jahre 11 950 für Neptun. Die Einstellung dieser Jahreszahlen mit Hilfe der Präzessionsbewegung garantiert die richtige Funktion der Tagesbewegung und der Variation der planetographischen Breite für diese Planeten. Ganz ähnlich kann der Himmelsanblick mit seinen Änderungen von einem die Erde umkreisenden Raumschiff aus simuliert werden, wenn eine der Geräteachsen auf den Pol der Satellitenbahn ausgerichtet wird.

Pekuliarbewegung

Auch unsere Sonne, als einer von den Fixsternen, zeigt eine Eigenbewegung. Der Zielpunkt, der sogenannte Apex, liegt im Sternbild des Herkules. Mit Meßinstrumenten läßt sich ein scheinbares Auseinanderstreben der Sterne in Bewegungsrichtung, also vor uns, und ein Zusammenstreben hinter uns nachweisen. Ein solcher Effekt wird in starker Übertreibung durch die Verschiebung des gesamten Projektionsgerätes aus dem Kuppelmittelpunkt erreicht. Diesem Zweck diente u. a. das Aufsetzen des ersten Hantelprojektors auf einen zur Seite fahrbaren Wagen. Dieselbe Darstellung ermöglichen Geräte, die auf Hubeinrichtungen montiert sind.

Jahresbewegung

An allen diesen Projektorbewegungen nehmen auch die Baugruppen teil, in denen die Projektoren für Sonne, Mond und Planeten untergebracht sind. Der Positionsänderung dieser Himmelskörper gegenüber den Fixsternen wird durch eine entsprechende zusätzliche Beweglichkeit der Projektoren gegen die Fixsternkugeln Rechnung getragen. Spezielle Getriebe sorgen dafür, daß sich der Sonnenprojektor nach einer vollen Tagesdrehung zusätzlich um ein knappes Grad in westöstliche Richtung innerhalb des Gerätes gedreht hat. Entsprechendes gilt für Mond und Planeten. Diese Positionsänderungen am Sternhimmel erfolgen, besonders für die äußeren Planeten, relativ langsam. Zur Verdeutlichung der Bewegung hilft auch nicht einfach eine stärkere Zeitraffung, die tägliche Drehung würde unerträglich schnell laufen. Es wird deshalb in beabsichtigter Abweichung von der natürlichen Nachbildung ein Trick angewendet. Mit einem zusätzlichen Motor greift man auch unabhängig von der täglichen Gerätedrehung in den gemeinsamen Antrieb für Sonne, Mond und Planeten ein und kann damit die Tage in rascher Folge auch ohne die Demonstration von Auf- und Untergang vergehen lassen. Innerhalb von Sekunden oder Minuten läuft die Sonne einmal durch die Tierkreisbilder. Diese Art von Bewegung wird deshalb auch als „Jahresgang" oder „Jahresbewegung" bezeichnet. Mit dem Jahresgang können also die Positionen von Sonne, Mond und Planeten für einen bestimmten Tag in Vergangenheit, Gegenwart und Zukunft am Sternhimmel auch unabhängig von anderen Gerätebewegungen eingestellt werden.

Derselbe Trick wird noch einmal bei der Präzessionsbewegung angewendet. Auch hier gibt es in den meisten Geräten zunächst die naturgetreue Verbindung, die nach Ablauf von 72 Jahren die Präzessionsbewegung um 1° weiterführt. Aber zusätzlich kann mit einem gesonderten Motor das Gerät auch unabhängig von anderen Bewegungen um die Präzessionsachse gedreht werden. Auf diese Weise ist mit der Raum-Zeit-Maschine nicht nur ein gegenüber der Natur verschieden stark geraffter Parameter „Zeit" realisiert, sondern es existieren gleichzeitig nebeneinander drei verschiedene Arten von Zeitabläufen.

Bewegungskombinationen

Eine beliebte Demonstration ist die kombinierte Benutzung zweier Bewegungen. Beispielsweise hält der gleichzeitige und auch gleichschnelle Ablauf eines Tages und eines Jahres die Sonne immer in der Nähe des Meridians. Es ist die Darstellung des sogenannten „Ewigen Tages". Diese Erscheinung gibt es in der Natur nicht. Sie zeigt aber sehr anschaulich die jahreszeitliche Änderung der Mittagshöhe der Sonne, ihren Lauf durch die Tierkreisbilder und zusätzlich noch die Ungleichförmigkeiten während ihrer scheinbaren jährlichen Bewegung in der Gestalt der sogenannten Analemma (Bild 3.29).

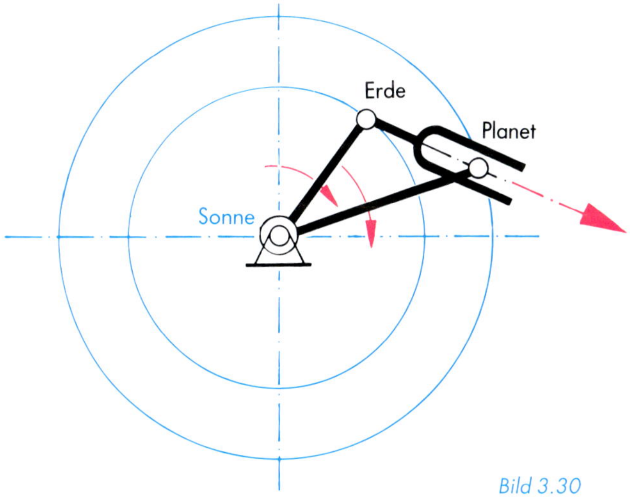

Bild 3.30
Prinzip der Planetenprojektion in Draufsicht und Seitenansicht

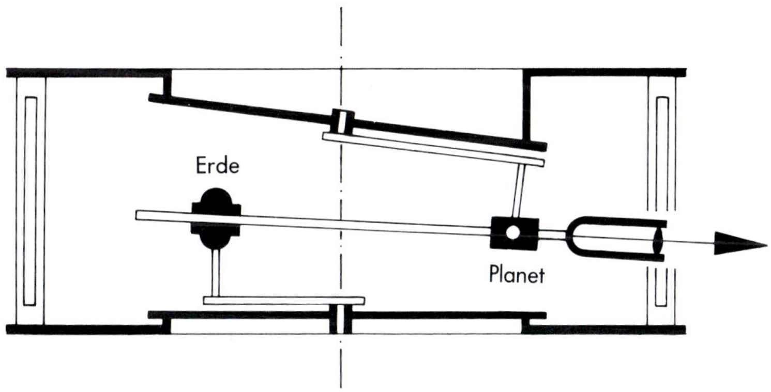

⊙ **Der mechanische Analogrechner für die Darstellung der Planetenbewegungen**

⊙ Das Prinzip des mechanischen Analogrechners wird besonders deutlich bei der Realisierung der Planetenbewegung. Wie bereits bei der Beschreibung des Modells I angedeutet, wird hier das Sonnensystem in der Art der Kopernikanischen Modelle nachgeahmt und jeweils der Ort der Erde mit dem Ort des Planeten durch einen Projektor verbunden. Dieser muß dann den Planeten in die Richtung projizieren, in der er von der Erde aus am Himmel zu sehen ist. Damit sich die Projektoren gegenseitig nicht stören, werden die jeweiligen Teile des Sonnensystems, bestehend aus Erde und einem Planeten, einschließlich Sonne und Mond, getrennt in sieben Etagen übereinander angeordnet. Dabei wird auch die Neigung der Planetenbahn im richtigen Betrag und mit der richtigen Lage des aufsteigenden Knotens entsprechend den Verhältnissen in der Natur berücksichtigt.

Um den Projektor auch während der Bewegung immer in der Verbindungslinie Erde–Planet zu halten, und das auch trotz der sich ständig ändernden Entfernung zwischen beiden, hatte man ursprünglich ein scherenartiges Gelenkparallelogramm verwendet. Aus Stabilitätsgründen, besonders zur Vermeidung von ruckartigen Bewegungen der projizierten Planetenbilder an der Kuppel, wurde dieses sehr bald durch eine Schubstange ersetzt, die in einem Gleitlager geführt wird und an der jeweils der Projektor befestigt ist.

Das Problem war damit reduziert auf die möglichst naturgetreue Nachbildung der Bewegung eines Planeten um die Sonne in der Form eines mechanischen Modells. Und das heißt nichts anderes, als daß ein Mechanismus geschaffen werden muß, welcher die drei Keplerschen Gesetze in bestmöglicher Annäherung erfüllt.

Bestimmung der Zahnradpaarung nach der Kettenbruch-Methode von Huygens am Beispiel des Saturns

Werte aus der Planetentabelle nach Riccioli

Erde:	359 45′41″	1 295 141 : 44 014
Saturn:	12 13′34″	

Divisionsverfahren

1 295 141 :	44 014 =	29, Rest	18 735
44 014 :	18 735 =	2, Rest	6 544
18 735 :	6 544 =	2, Rest	5 647
6 544 :	5 647 =	1, Rest	897
5 647 :	897 =	6, Rest	265
			usw.

Kettenbruch

$$1\,295\,141 : 44\,014 = 29 + \cfrac{1}{2 + \cfrac{1}{2 + \cfrac{1}{1 + \cfrac{1}{6 + 1}}}}$$

usw.

Realisierung im Planetarium von Huygens

$$29 + \cfrac{1}{2 + \cfrac{1}{2 + \cfrac{1}{1}}} = 29 + \cfrac{1}{2 + \cfrac{1}{3}} = 29 + \frac{3}{7} = \frac{206}{7}$$

Das erste Gesetz „Die Planeten bewegen sich auf Ellipsenbahnen, in deren einem Brennpunkt die Sonne steht" bestimmt Form und Lage der Planetenbahn. Nun weichen aber diese Ellipsen nur sehr wenig von der Kreisform ab. Bei der Erdbahn verhalten sich die Längen der großen und kleinen Achse wie 1 : 0,99986. Für Merkur ist die Abweichung etwas größer, für Venus sogar noch geringer. Der Fehler bleibt deshalb vernachlässigbar klein, wenn die schwer zu realisierende Ellipse in ihrer Form durch einen Kreis ersetzt wird.

Die eigentliche Ungleichförmigkeit im Lauf eines Planeten um die Sonne resultiert aus der unterschiedlichen Geschwindigkeit, die durch das zweite Gesetz ausgedrückt wird: „Der Leitstrahl Sonne – Planet überstreicht in gleichen Zeiten gleiche Flächen". Wir werden gleich sehen, daß hier das eigentliche Problem für die Nachbildung der Planetenbewegung liegt.

Das dritte Gesetz lautet: „Die Quadrate der Umlaufzeiten zweier Planeten verhalten sich wie die Kuben ihrer mittleren Entfernungen". Für das Modell heißt das, es sind geeignete Zahnradpaarungen zu finden, die in guter Näherung das Verhältnis der Planetenumlaufzeit zur Erdumlaufzeit wiedergeben. Hierfür hatte bereits Huygens erfolgreich die Methode der Kettenbruchentwicklung benutzt. Im Beispiel des Saturns lieferte ihm das Verfahren für die Anzahl der Zähne in der Radpaarung die Möglichkeiten 29/1, 88/3, 206/7, 353/12, 1589/54 bzw. 5738/195, je nachdem, wie weit die Näherung getrieben, d. h., an welcher Stelle die Kettenbruchentwicklung abgebrochen wurde (siehe nebenstehende Erläuterung).

Diese so erhaltenen Radpaarungen lassen sich zunächst in der Praxis schwer bzw. gar nicht fertigen. Zerlegt man aber in den Brüchen Zähler und Nenner weiter in Primfaktoren, also z. B. 5738/195 in $(2 \times 19 \times 151)/(3 \times 5 \times 13)$, so lassen sich daraus geeignete Getriebe herleiten, wie etwa die zwei Radpaare

(38/13) × (151/15). Diese beiden Paare liefern die Näherung 29,42564 an Stelle des gewünschten Wertes 29,42566 für das Verhältnis der Umlaufzeiten.

Die mit dieser Methode erreichte Genauigkeit ist im allgemeinen so hoch, daß erst nach einigen tausend Erdumläufen Abweichungen beim Planeten in der Größenordnung eines Grades auftreten. Das dritte Keplersche Gesetz läßt sich also praktisch mühelos erfüllen.

Anders liegen die Verhältnisse beim zweiten. Um die als Planetenbahn fungierende Kreisscheibe mit einer veränderlichen Geschwindigkeit gemäß dem zweiten Keplerschen Gesetz zu bewegen, wurde eine Vielzahl von Getrieben entwickelt, von denen einige andeutungsweise genannt seien. Ihr Prinzip, ihr Aufbau, ihre Vor- und Nachteile kann man anschaulich und unmittelbar der folgenden kurzen mathematischen Beschreibung entnehmen: Das Bild 3.31 a zeigt ein Stück der Planetenbahn. Dort bedeuten:

a große Bahnhalbachse
e lineare Exzentrizität
$\varepsilon = e/a$ numerische Exzentrizität

Der Winkel ν zwischen Perihel und Planet, von der Sonne aus betrachtet, ist die wahre Anomalie. Wegen der Ersetzung der Ellipsenform durch eine Kreisform ist der entsprechende Winkel E_p vom Ellipsenmittelpunkt aus bedeutungsvoll. E ist die exzentrische Anomalie, und schließlich bedeutet die nicht eingezeichnete mittlere Anomalie M den mit gedachter konstanter Geschwindigkeit zunehmenden Winkel, der praktisch dem konstanten Antrieb im Mechanismus entspricht. Bei der Planetenumlaufzeit T und der seit dem Periheldurchgang verflossenen Zeit t ist $M = 2\pi t/T$.

Die Bewegung gemäß dem zweiten Keplerschen Gesetz, d.h. der Zusammenhang zwischen der wahren und der mittleren Anomalie, wird mathematisch durch die beiden Gleichungen beschrieben

$M = E - \varepsilon \sin E$ (Kepler-Gleichung) und

$$\tan \frac{E}{2} = \sqrt{\frac{1-\varepsilon}{1+\varepsilon}} \tan \frac{\nu}{2} \quad ,$$

die man durch eine Reihenentwicklung in einem einzigen Ausdruck erfassen kann:

$$M = \nu - 2\varepsilon \sin \nu + \frac{3}{4} \varepsilon^2 \sin 2\nu - \frac{1}{3} \varepsilon^3 \sin 3\nu + \ldots$$

Konstante Kreisbewegung

Die einfachste und auch gröbste Näherung wird durch $M = \nu$ beschrieben. Damit ist eine konstante Kreisbewegung um die im Mittelpunkt stehende Sonne erfaßt, d. h., es ist eine völlige Vernachlässigung der Ungleichförmigkeit. Diese Lösung wird gelegentlich in kleinen, einfachen Geräten angewendet. Sie führt zu entsprechenden Abweichungen in der Bewegung des Planeten um die Sonne mit der periodischen Wiederholung nach dem vollen Umlauf T. Der projizierte Planet schließlich zeigt Positionsfehler mit einer Grundperiode gemäß dem synodischen Umlauf, die noch überlagert werden durch Veränderungen in der Lage der Oppositionsstellungen zu den Perihelen der Bahnen von Planet und Erde. Bei dem der Erde benachbarten Mars treten zur Oppositionszeit die größten Abweichungen auf. Sie können in den Fällen besonders geringer Entfernungen bis zu 30° anwachsen.

Exzentrische Versetzung einer Kreisbahn

Die nächstbessere und deshalb auch oft angewendete Lösung liefert die Hinzunahme des Gliedes $\sin \nu$ in der Reihenentwicklung. Und das geschieht praktisch durch eine einfache exzentrische Versetzung des Erdbahnrades gegenüber dem gemeinsamen festen Sonnenort. Das entspricht gleichzeitig dem Vorschlag von Hipparch (190 bis 125), der

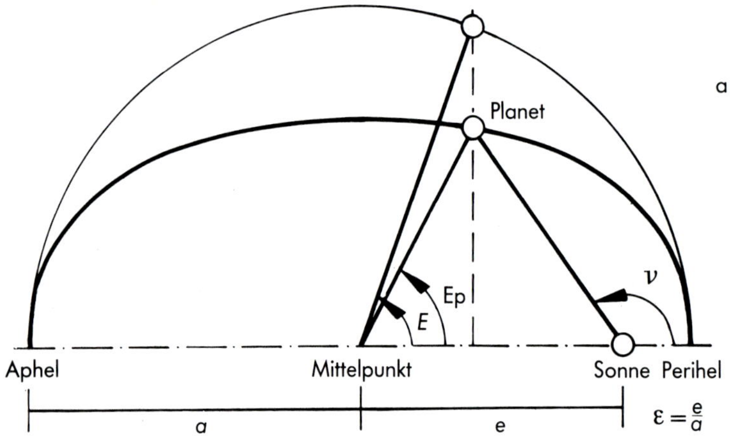

die ungleiche Länge der Jahreszeiten durch eine exzentrische Stellung der Erde in seiner Sonnenbahn erklärte. Genauer gesagt besteht nach Bild 3.31 b die Beziehung

$$\sin(\nu - M) = \frac{e}{R} \sin \nu$$

oder als Reihenentwicklung

$$M = \nu - \left[\frac{e}{R} - \left(\frac{e}{2R}\right)^3\right] \sin \nu + \frac{1}{24}\left(\frac{e}{R}\right)^3 \sin 3\nu + \dots$$

Da $\left(\frac{e}{2R}\right)^3$ sehr klein ist, liefert die exzentrische Versetzung des Rades um $e = 2\varepsilon R$ die genannte Näherung. Bei kleinen Exzentrizitäten ist der Einfluß der höheren Glieder gering. Die Variante liefert deshalb brauchbare Lösungen für Venus, Erde, Jupiter und Saturn. Für Merkur und Mars verbleiben merkliche Einflüsse, die z. B. beim

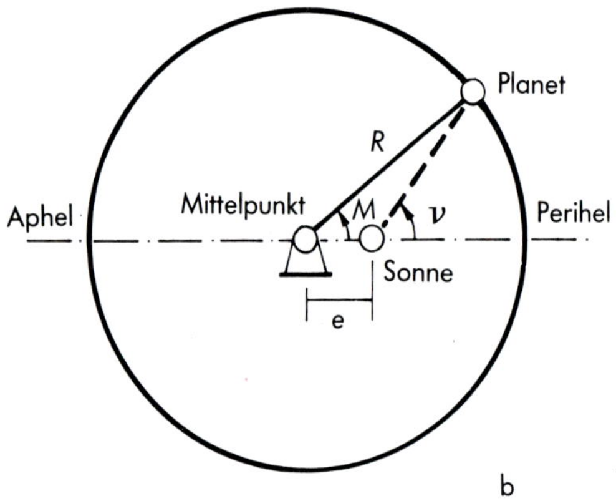

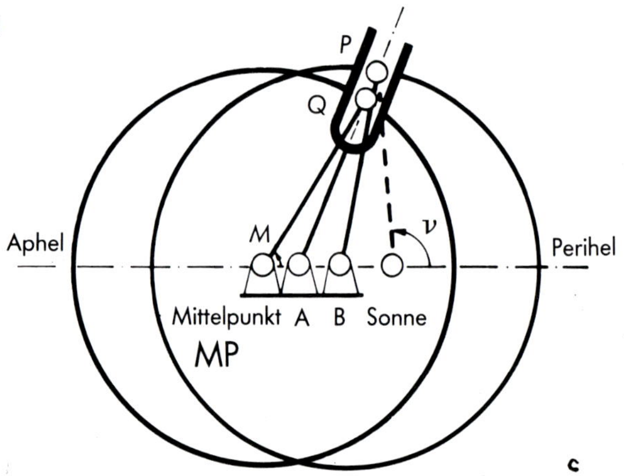

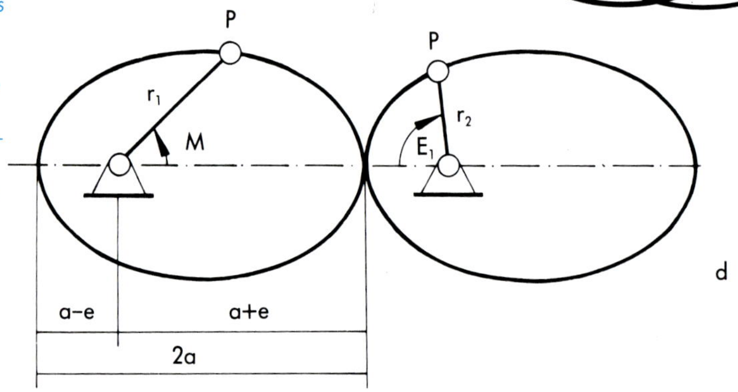

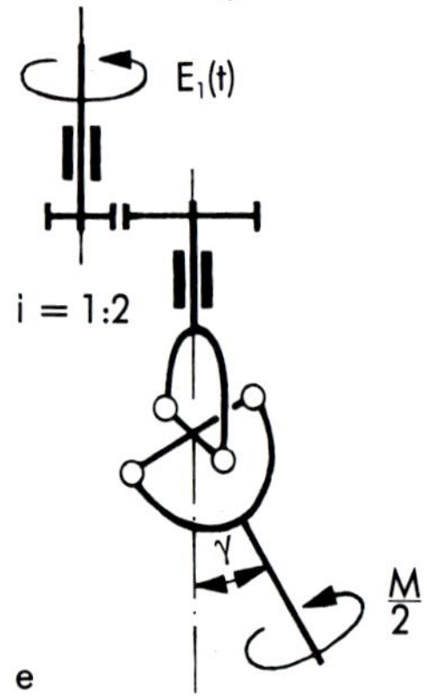

Bild 3.31
Realisierungsvarianten für den Planetenmechanismus
a die elliptische Planetenbahn
b exzentrisch zur Sonne versetzte Kreisscheibe
c Doppelkurbelschleifengetriebe
d abrollende elliptische Räder
e Kardan-Gelenk

Mars in nahen Oppositionen noch rund 10° erreichen können.

Kurbelschleifengetriebe

Der nächste Schritt in der Annäherung bedeutet die Hinzunahme des dritten Gliedes

$$\frac{3}{4}\,\varepsilon^2 \sin 2\nu$$

aus der Reihenentwicklung. Das leistet genau das im Bild 3.31 c dargestellte Doppelkurbelschleifengetriebe, dessen Reihenentwicklung

$$M = \nu - 2\varepsilon \sin \nu + \frac{3}{4}\,\varepsilon^2 \sin 2\nu - \frac{1}{2}\,\varepsilon^3 \sin 3\nu$$

ist, wenn die Größen wie folgt gewählt werden:

$\overline{BP} = \overline{(MP)Q}$ (gleiche Kurbellängen),

$(\overline{SB}/\overline{BP}) = \varepsilon$ ($\overline{SB}$ ist dabei der Abstand Sonne–Drehpunkt Planetenkurbel) und

$$\overline{(MP)A} = \overline{AB} = \overline{(MP)Q}\left(\frac{1}{2}\,\varepsilon + \frac{1}{4}\,\varepsilon^3\right) \quad .$$

Die mittlere Anomalie fungiert wieder als konstanter Antrieb, die Planetenkurbel dreht sich mit der geforderten Ungleichförmigkeit.

Aufgrund der zwar etwas aufwendigen, aber sehr guten Näherung kommen die Fehler bei allen Planeten in die Größe der Fertigungstoleranzen und mechanischen Verformungen. Diese Getriebeausführung wurde deshalb bereits für Merkur mit der größten Exzentrizität im allerersten Projektionsplanetarium verwirklicht.

Elliptische Räder

Einen Mechanismus, der auch näherungsweise das Glied mit sin3v der Fourier-Reihe erfaßt, stellen die beiden aneinander abrollenden Ellipsen im Bild 3.31 d dar. Die hohe Genauigkeit wird hier durch die notwendige exakte Fertigung von elliptischen Rädern bestimmter Form erkauft.

Kardan-Gelenk

Ein Mechanismus von besonders hoher Nachbildungsgüte stellt überraschenderweise das aus anderen Anwendungen bekannte Kardan-Gelenk dar. Seine Genauigkeit beruht auf einer Laune der Natur. Es ist sicher ein interessanter Zufall, daß einige grundlegende Beziehungen der Himmelsmechanik denselben funktionalen Zusammenhang beschreiben wie die Bewegung am Kreuzgelenk oder Kardan. Die Wirkung des Kardan wird durch folgende Beziehung erfaßt:

$$\tan \psi = \cos \gamma \cdot \tan \varphi$$

φ Winkel am Antrieb
ψ Winkel am Abtrieb
γ Neigung, d. h. der Winkel zwischen Antriebs- und Abtriebsachse

Genau dieselbe Funktion beschreibt den Zusammenhang zwischen exzentrischer und wahrer Anomalie

$$\tan \frac{E}{2} = \sqrt{\frac{1-\varepsilon}{1+\varepsilon}} \tan \frac{\nu}{2} \quad ,$$

wenn nur die Neigung im Kardan nach

$$\cos \gamma = \sqrt{\frac{1-\varepsilon}{1+\varepsilon}} \text{ gewählt und}$$

$$\psi = \frac{E}{2} \quad \text{und} \quad \varphi = \frac{\nu}{2}$$

gesetzt wird. Weiter ist der Zusammenhang zwischen dem Ellipsenmittelpunktswinkel E_p und der exzentrischen Anomalie

$$\tan E_P = \sqrt{1-\varepsilon^2} \tan E$$

wiederum die Kardan-Funktion. Und schließlich liefert die Funktion

$$\tan \frac{M}{2} = \sqrt{\frac{1-\varepsilon}{1+\varepsilon}} \tan \frac{E_1}{2}$$

einen Zusammenhang zwischen der mittleren Anomalie M und einem Winkel E_1, der eine verblüffend gute, praktisch exakte Darstellung des Winkels E_p ist. Die besondere Güte des Kardan-Mechanismus besteht einerseits in dem äußerst einfachen Aufbau

Bild 3.32
Ausführung des Planetenmechanismus nach dem Kurbelschleifengetriebe, Spacemaster, Jena

und andererseits darin, daß nicht nur die wahre Anomalie, sondern auch die Entfernung Sonne – Planet optimal realisiert wird, was in der obigen Reihenentwicklung noch nicht erfaßt ist. Im Mechanismus des Bildes 3.31 e stellt der konstante Antrieb *M* die mittlere Anomalie und der Abtrieb die geforderte ungleichmäßige Bewegung des Planetenbahnrades dar.

⊙ Besonderheiten in der Realisierung der Mechanismen

⊙ Eine erste Besonderheit weist der Mechanismus für die Sonne insofern auf, als nur eine statt zwei Planetenbewegungen, nämlich die der Erde benötigt wird. Der Projektor ist vom variablen Erdort zum festen Sonnenort gerichtet. Deshalb kommt es hier auch nur auf eine gute Annäherung der wahren Anomalie allein an, die Entfernung zwischen Erd- und Sonnenort spielt für die Richtung des Projektors keine Rolle.

Eine zweite Besonderheit verkörpert der Mechanismus für den Mond. Zunächst ist auch hier der Projektor von einem festen Erdort zum bewegten Mondort gerichtet, und ebenso ist die Neigung der Mondbahn gegen die Erdbahnebene um 5°9′ berücksichtigt. Aber im Gegensatz zu den Planeten, bei denen die Verlagerung der Bahnebenen, d. h. die Drehung der Knotenlinie, vernachlässigbar langsam erfolgt (in der Größenordnung von einem Grad in 100 Jahren), vollenden die Mondbahnknoten einen Umlauf schon in 18,6 Jahren. Diese Drehung kann deshalb grundsätzlich nicht vernachlässigt werden. Dagegen verzichtet man beim Mond meist auf eine genauere Annäherung an die Keplersche Bewegung wegen der geringen Bahnexzentrizität von 0,055 und wegen des erhöhten Aufwandes, den allein schon die notwendige Drehung der Bahnebene mit sich bringt.

Für die Planeten gibt es als dritte Besonderheit noch weitere Ausführungen, bei denen nicht der Projektor selbst, sondern nur ein Spiegel gesteuert wird, der das Bild eines

Bild 3.33
Erzeugung der Planetenbewegung durch Steuerung von Spiegeln, Gerät 512, Spitz, USA

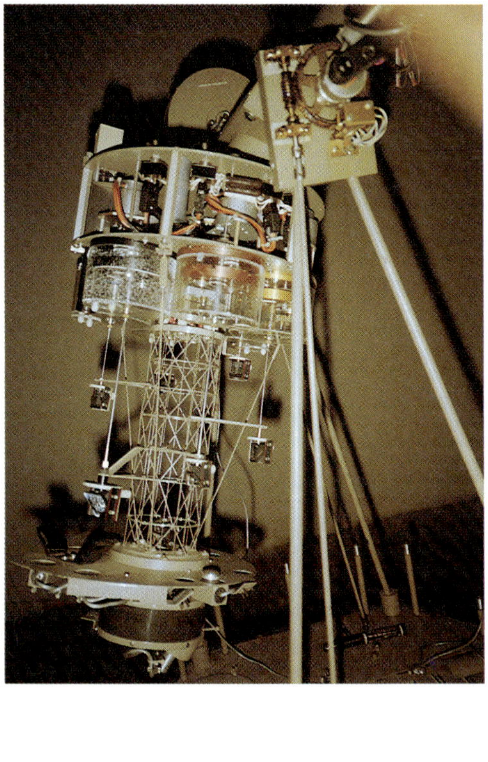

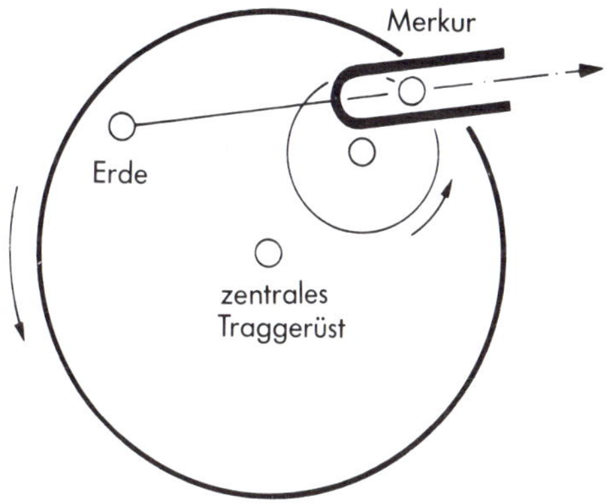

feststehenden Projektors reflektiert. Der Spiegel wird ebenfalls durch die Führungsstange zwischen Erde und Planet gesteuert und erzeugt auf diese Weise die Planetenbewegung an der Kuppel. Nach diesem Prinzip arbeitet der Planetenmodul von Frank in den Geräten der Firma Spitz.

Eine weitere interessante Besonderheit stellt eine heute gelegentlich in kleinen Projektionsgeräten angewendete Realisierungsvariante nach dem Differential-Epizykel-Prinzip dar, wie sie das Bild 3.34 für das Beispiel des Merkur zeigt. Das die Merkurbahn verkörpernde Rad ist hier auf dem Erdbahnteller aufmontiert und nimmt somit insgesamt an der Erdbewegung teil. Die dadurch entstehenden Fehler müssen natürlich durch die Bewegung des Merkurrades wieder kompensiert werden. Mit diesem Aufwand erkauft man sich den Vorteil, daß die Führungsstange Erde – Planet niemals durch das Zentrum der Erdbahn läuft und daß deshalb dieses Zentrum für eine zentrale Halterung des gesamten Geräteaufbaus genutzt werden kann. Es entfallen damit die sonst üblichen außen liegenden tragenden Gitterstäbe in der Art eines Käfigs, die bei großen, massereichen Geräten bereits die Verwendung eines Doppelprojektors erfordern, um auf diese Weise eine erkennbare Abschattung während der Projektion zu verhindern.

Schließlich sei noch auf den notwendigen Einsatz von Schleifringen als elektrische Kon-

Bild 3.34
Differential-Epizykel-Prinzip am Beispiel der Merkurbewegung

Bild 3.35
Ausführung des Planetenmechanismus nach dem Differential-Epizykel-Prinzip, Skymaster, Jena (linkes Bild)

Bild 3.36
Um unbegrenzte Drehbewegungen zu erreichen, werden elektrische Signale und Leistungen mit Hilfe von Schleifringen übertragen. (rechtes Bild)

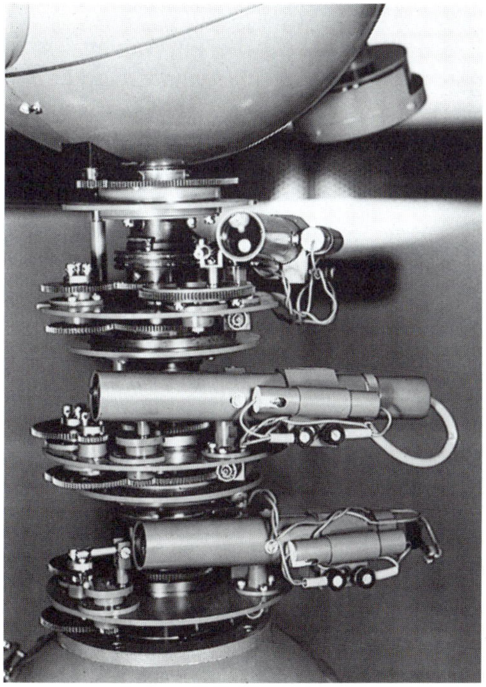

Bild 3.37
Erzeugung der Planetenbewegung mit Hilfe eines Spiegelvorsatzes analog dem Prinzip eines Coelostaten, Universarium, Jena

takte hingewiesen, die eine Übertragung der elektrischen Leistung und der Signale auf die bewegten Teile ermöglicht.

⊙ Die softwaregenerierte astronomische Bewegung

⊙ Die Einführung des Computers ermöglichte die Schaffung einer Variante, die völlig auf die Nachbildung der Natur im mechanischen Modell verzichtet. Es werden weiterhin Projektoren verwendet, die aber lediglich eine Bewegungsmöglichkeit in einer ausreichenden Anzahl von Freiheitsgraden im rein mathematischen Sinne zulassen müssen, während alle astronomischen Gesetzmäßigkeiten im Rechner gespeichert und bearbeitet werden. Die Geräteachsen haben keine astronomische Bedeutung mehr. Die Projektoren stehen deshalb auch getrennt voneinander in der Kuppel.

Für die zentral angeordnete Sternkugel sind drei jeweils senkrecht zueinander stehende Achsen notwendig und auch ausreichend, um jede Drehung sowohl um einen beliebigen Punkt unter den Sternen als auch in der Kuppel zu ermöglichen.

Die Schaffung eines beliebigen Drehpoles für den Sternhimmel erfaßt zunächst alle genannten geozentrischen Bewegungen wie den Auf- und Untergang, die Variation der geographischen Breite und die Präzessionsbewegung. Darüber hinaus gestattet dieses Prinzip die Darstellung des Himmels vom Mond, von einem Planeten und von dessen Monden oder auch von einem Satelliten aus. Jede dieser dafür nötigen Drehbewegungen wird in drei Komponenten aufgespalten, und die dabei erhaltenen mathematischen Funktionen werden den Achsen der Sternkugel zugeführt.

Grundsätzlich ist dabei ein Problem unvermeidbar. Es treten sogenannte Singularitäten auf, d.h. bestimmte Lagen der Sternkugel, in denen die geforderte Geschwindigkeit für eine Achse kurzzeitig die maximal realisierbare überschreitet. Die Folge ist eine Abweichung im gewünschten Bewegungsablauf, dessen Größe und Dauer von der Art der Steuerung abhängt. Dieses Problem kennt der Astronom bei der täglichen Nachführung eines azimutal montierten Teleskopes. Im Falle des Zenitdurchganges wird ein plötzliches Umschlagen des Gerätes um 180° gefordert.

Bei den Projektoren für Sonne, Mond und Planeten genügen zwei Achsen, um das Bild an einen beliebigen Ort in der Kuppel zu projizieren. Die dritte Bewegung wird hier in der Form einer Bilddrehung nötig, die beispielsweise das „Gesicht" des Mondes in der gewünschten aufrechten Lage hält.

Im Falle einer stark exzentrischen Aufstellung eines solchen Projektors wird wegen der unterschiedlichen Entfernungen zur Projektionsfläche eine automatische Fokussierung notwendig. Oft ist noch ein Zoom-Mechanismus zur veränderbaren Bildgröße und ein Wechsel des Bildinhaltes, etwa vom Planeten zu einem seiner Monde, im Projektor untergebracht.

Ein hoher Aufwand ist erforderlich, um den nötigen Gleichlauf aller getrennt stehenden Projektoren, besonders beim schnellen Anlaufen und Abbremsen einer Bewegung zu erreichen. Dafür sind Effekte möglich wie die Darstellung der Planetenbewegung beim Flug durch das Sonnensystem.

Ein beliebtes Beispiel ist die Darstellung der Kapriolen, die die Sonne am Himmel des Merkur vollführt. Es kann sich dort beispielsweise folgendes ereignen: Die Sonne geht am Osthorizont auf, wird aber während des Höhersteigens immer langsamer, und gleichzeitig nimmt ihre scheinbare Größe zu. Sie kommt dann sogar zum Stillstand und läuft ein kleines Stück wieder zurück. Dabei ist ihre maximale Größe von $3\,{}^1/_3$ irdischen Vollmonddurchmessern erreicht. Schließlich setzt sie ihre Bewegung zum Untergang am Westhorizont fort, beschleunigt dabei ihren Lauf und nimmt an Größe bis auf reichlich zwei Vollmonddurchmesser ab.

Die Lage dieser Sonnenbahnschleife am Himmel hängt vom Beobachtungsort auf dem Merkur ab, d. h., es gibt auch den Fall, daß eine große Sonne am Osthorizont auftaucht, in ihrer Bewegung innehält, wieder verschwindet, um schließlich erneut aufzugehen. Diese Erscheinung resultiert aus der Kombination des Tagesganges mit einem sehr stark ungleichförmigen Jahresgang der Sonne für den Merkur. Aufgrund der im Rechner gespeicherten astronomischen Gesetzmäßigkeiten und ihrer ständigen zyklischen Abarbeitung genügt die alleinige Auswahl von Merkur als Beobachtungsort und die Benutzung einer geeigneten Zeitraffung, um derartige Effekte hervorzubringen.

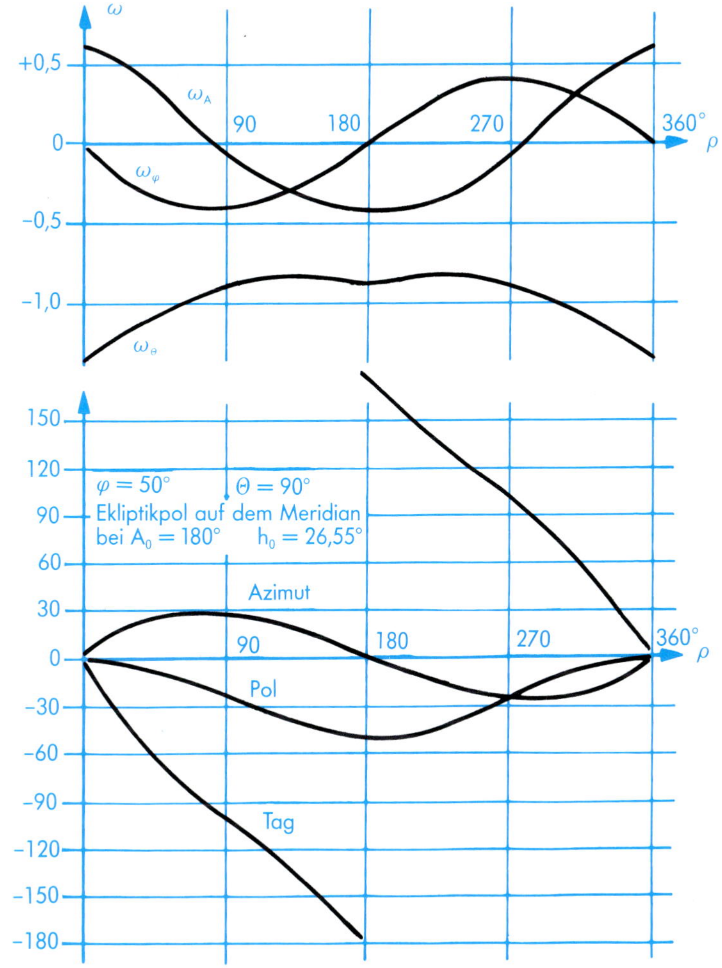

Bild 3.38
Erzeugung der Präzessionsbewegung am Starball aus Bewegungen um drei Achsen; oben: die veränderlichen Winkelgeschwindigkeiten
unten: die Veränderung der Drehwinkel an den drei Achsen
ω_A Winkelgeschwindigkeit an der vertikalen Achse
ω_φ Winkelgeschwindigkeit an der horizontalen Achse
ω_Θ Winkelgeschwindigkeit an der inneren Achse
Maßeinheit für ω: Geräteumdrehungen für die jeweilige Achse pro vollem Präzessionsumlauf
Das Beispiel zeigt die Präzessionsbewegung für die geographische Breite $\varphi = 50°$ und die Sternzeit $\Theta = 6^h$.

Technische Prinzipien an ausgewählten Effekten

⊙ Von der mechanisch-optischen zur elektronischen Bilderzeugung

⊙ Das sehr umfangreiche Gebiet der Zusatzeffekte zeigt in besonderem Maße den gegenwärtigen Trend der Ersetzung einer Vielzahl mechanisch-optischer Projektoren durch einen einzigen Projektor mit elektronischer Bilderzeugung, hauptsächlich durch den Videoprojektor. Die astronomischen Funktionen werden dabei sowohl über Computergrafik als auch durch Videoaufnahmen im Studio erstellt.

Die klassischen Zusatzprojektoren behalten daneben ihre Berechtigung, wenn es sich um die Erfassung der gesamten Kuppel oder um die Teilnahme der Darstellung an den Gerätebewegungen handelt. Einige ausgewählte Beispiele zu den im Laufe der Zeit verwendeten technischen Prinzipien gewähren gleichzeitig wieder einen Einblick in die Geräteentwicklung.

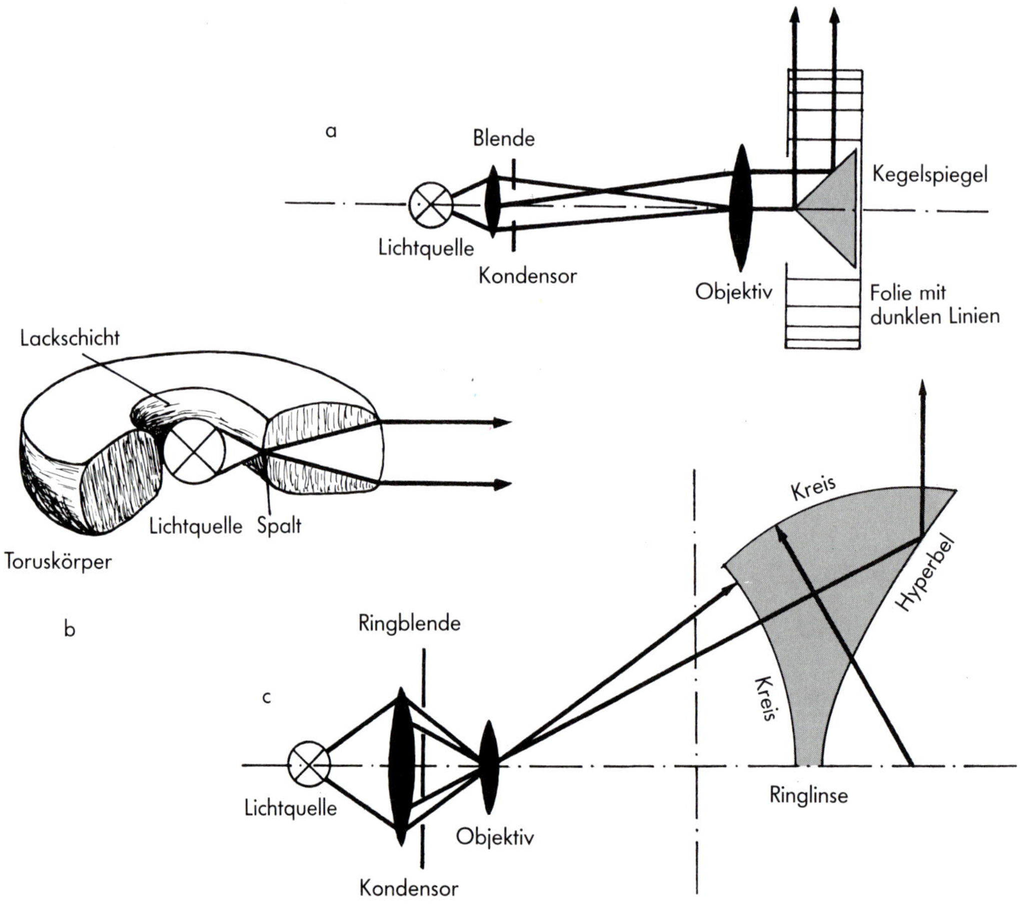

Bild 3.39
Realisierungsprinzipien zur Erzeugung astronomischer Hilfslinien
a Erzeugung des Meridians über einen Kegelspiegel
b Linienprojektion mit Hilfe eines Toruskörpers
c Abbildung mit dem Ringlinsenprojektor

Astronomische Hilfslinien

Bei der Darstellung astronomischer Hilfslinien, sowohl der Gradnetze als auch der Sternbildfiguren, sind praktisch dieselben Verfahren im Einsatz wie beim Fixsternhimmel. In Analogie zur Lochprojektion werden in einfachen Geräten auch Linien nach dem Prinzip des Schattenwurfes erzeugt. In den meisten Fällen findet aber ebenfalls die Methode des Zusammensetzens von Bildinhalten durch die Benutzung mehrerer optischer Projektoren Verwendung. Dagegen erfaßt natürlich eine Ganzhimmeldarstellung, etwa von der Kathodenstrahlröhre über die Fischaugenoptik, zusätzlich zu den Sternen auch gleichzeitig die Hilfslinien. Daneben sind aber auch Spezialtechniken in Gebrauch, wie das Beispiel der Darstellung astronomischer Grundlinien erkennen läßt.

Im Zwillingsgerät vom Modell I hatte man für den Meridian eine kleine beleuchtete Öffnung durch die Projektion über einen kegelförmigen Spiegel zur Großkreislinie auseinandergezogen. Die Kleinplanetarien aus Jena verwendeten einen Glasring in der Form eines Toruskörpers zur Projektion einer feinen Linie, die in die Lackschicht auf der Innenseite des Torus eingraviert ist. Beide Verfahren liefern eine scharfe Abbildung nur in einer Koordinate. Unterteilungen der Linie werden deshalb durch die Schattenprojektion von dunklen Streifen auf einem zylinderförmigen, um den Projektor gelegten Filmstreifen erzeugt. Eine komplette saubere Abbildung, und damit also auch die Erfassung von Beschriftungen, ist dagegen mit einer Ringlinse gemäß dem Bild 3.39c möglich, wenn die der Lichtquelle abgewandte Fläche Teil eines Hyperboloides und die anderen beiden Flächen Kugeln mit ihren Zentren in den Brennpunkten des Hyperboloides sind. Scharfe Kreisbogen verschiedener Krümmung erzeugt auch die Durchstrahlung eines kleinen zylinderförmigen Glasstabes mit Laserlicht.

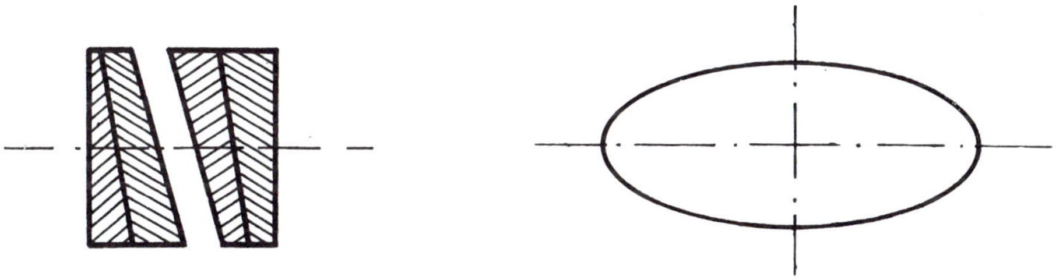

Bild 3.40
Bewegungen in Ellipsenbahnen mit bestimmtem Achsenverhältnis werden durch gegenläufig rotierende, achromatische Keile erzeugt.

Periodische Bewegungsabläufe

Im allgemeinen wird die Bewegung von Himmelskörpern durch die gesteuerte Lageänderung des Projektors selbst oder über einen in zwei Koordinaten beweglichen Spiegelvorsatz erzeugt. Für konstante, sich wiederholende Bahnformen sind im allgemeinen andere Verfahren im Einsatz. Im Sonnensystemprojektor erzeugen geringfügig exzentrisch rotierende geneigte Spiegel bzw. Prismen die Bewegung der Planeten um die Sonne. Mit einer gegenläufigen Rotation zweier achromatischer Prismen von unterschiedlichem Keilwinkel läßt sich die Bewegung auf beliebigen Ellipsenbahnen erzeugen. Dieses Prinzip wird beispielsweise für die Bewegung der Monde beim schrägen Aufblick auf das Satellitensystem im Jupiterprojektor aus Jena verwendet.

⊙ Atmosphärische Effekte

⊙ Da ein Planetarium den Himmelsanblick nachbildet, liegt es nahe, auch atmosphärische Erscheinungen in die Darstellung einzubeziehen. Das versteht sich fast von selbst im Falle der Sternschnuppen oder des Nordlichtes. Die Nachahmung erfaßt aber auch meteorologische Vorgänge wie Wolken oder Morgen- und Abendröte. Dabei stellt zwar die einfache Diaprojektion die am häufigsten verwendete Technik dar, aber auch hier gibt es spezielle Realisierungsprinzipien. Ein solches wurde bereits 1933 unter der Leitung von Villiger zur Nachbildung von Sternschnuppen in einem Zusatzprojektor verwirklicht.

Die Rotation einer dunklen Platte mit spiralförmigen Durchlässigkeitsbereichen gegen eine Platte mit schmalen radialen Öffnungen erzeugt den Effekt von sich bewegenden Lichtspuren. Die Verwendung weiterer Platten mit Sektoren und radialen Streifen bei unterschiedlichen Rotationsgeschwindigkeiten vermeidet eine zeitliche Regelmäßigkeit und verleiht dem Zusammentreffen der Durchlässigkeiten eine weitestgehende Zufälligkeit. Die Benutzung eines Weitwinkelspiegelkondensors, bei dem die Verspiegelung der zur Lampe weisenden Platte mit einbezogen ist, zusammen mit einem Objektiv im Zentrum des Kugelspiegels sichert die Erfassung eines sehr großen Winkelbereiches. Die Erhöhung der Geschwindigkeit vermag noch die Zeitraffung und damit auch die Häufigkeit zu steigern und ermöglicht auf diese Weise eine gute Erkennbarkeit des Radianten eines Sternschnuppenschwarmes.

Bild 3.41
Prinzip für die Darstellung von Sternschnuppen, Jena, 1933

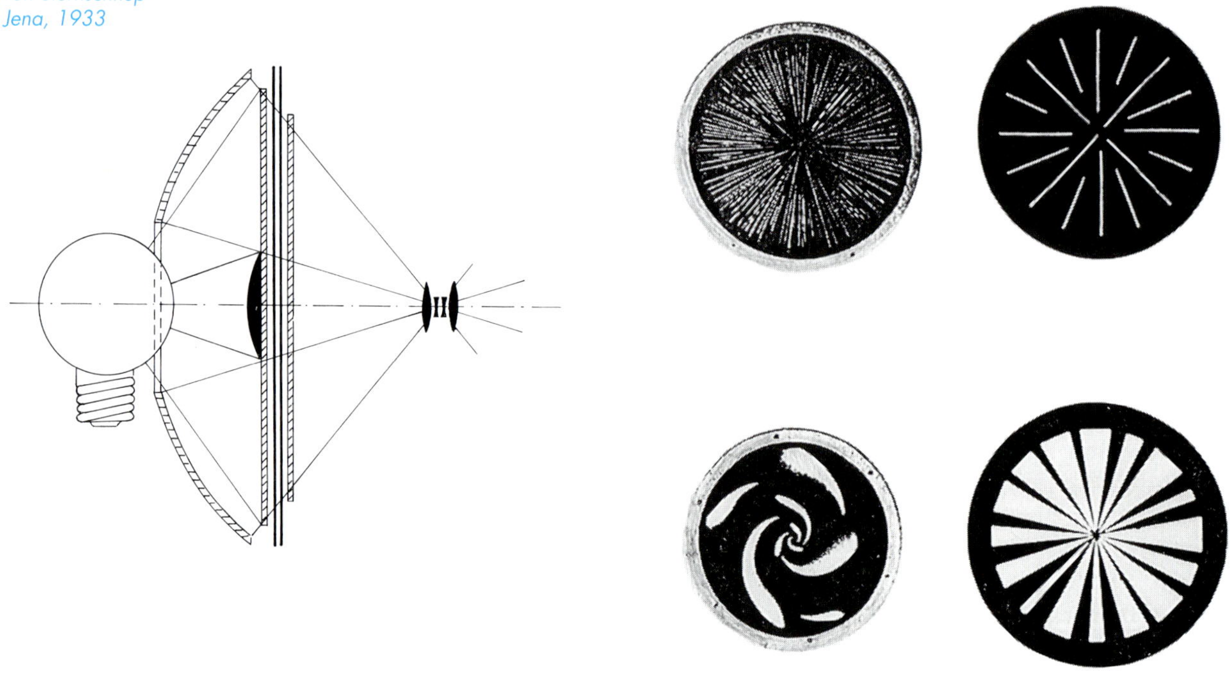

Einen naturgetreuen Eindruck von einem Regenbogen erzeugt ein in Jena gefertigter Vorsatz zu einem üblichen Diaprojektor, in dem ein einfacher horizontaler Spalt als Dia über ein Prisma und einen Zylinderspiegel in die Kuppel projiziert wird. Da der Radius des erzeugten Bogens vom Winkel abhängt, unter dem die Strahlen auf den Zylinder treffen, kann zusätzlich durch eine Spiegelkippung für jede Projektionsentfernung der erforderliche Radius von 42° für den Regenbogen eingestellt werden.

Die kurzzeitige Projektion des Bildes von einem Blitz, kombiniert mit einer Aufhellung der Kuppel durch ein Fotoblitzlicht, liefert den realistischen optischen Eindruck eines Gewitters.

Welche eindrucksvollen Effekte mit einfachsten Mitteln erreicht werden können, zeigt das Beispiel der vor dem Objektiv eines Diaprojektors rotierenden Cola-Flasche zur Erzeugung des charakteristischen Flakkerns in den Strahlen eines Nordlichtes.

All das stellt nur eine Auswahl benutzter technischer Wirkprinzipien dar. Die Schaffung vielfältigster Aufbauten für die Erzeugung verschiedenartigster Zusatzeffekte ist ein beliebtes Betätigungsfeld zur Entfaltung eigener Kreativität an den Planetarien.

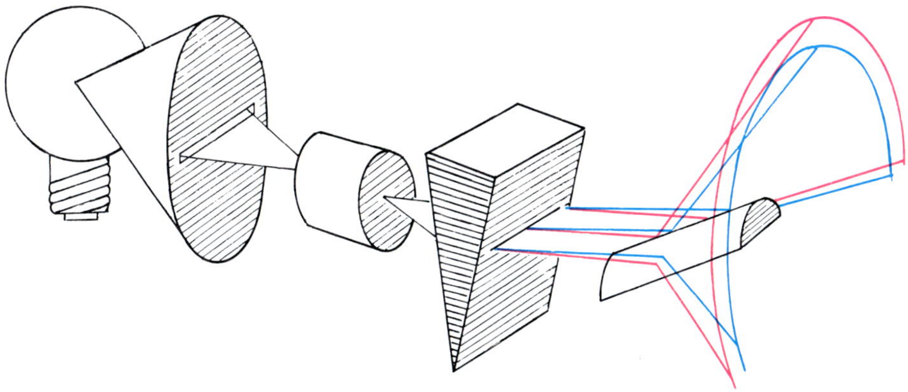

Bild 3.42
Darstellung des Regenbogens, Projektion eines Spaltes durch ein Prisma über einen Zylinderspiegel, Jena, 1980

4 Planetarien im Einsatz

Beispiele für die Darstellungsmöglichkeiten des Planetariums (Aufnahme: R. Munschke im Jenaer Planetarium)

Die Kuppel – das künstliche Himmelsgewölbe

⊙ In der Natur erscheint uns das Himmelsgewölbe nicht genau als Halbkugel, sondern eher etwas gedrückt, mit größerer Entfernung zum Horizont und geringerer zum Zenit. Im Falle der Projektion erfordert aber die Konstanz der Bildweite die sphärische Form der Kuppel.

Allerdings ist die Projektionsfläche nicht immer exakt eine Halbkugel. Der Astronaut überblickt vom Raumschiff aus mehr als die Hälfte der Himmelskugel. Zur Simulation dieses Anblickes werden Planetariumskuppeln gelegentlich als sogenannte Hypersphären gestaltet. Eine solche steht beispielsweise im Sternstädtchen bei Moskau für das Training der Kosmonauten. Daneben gibt es aus technischen Gründen (Vermeidung von Abschattungen bei Lochprojektionen, Verkleinerung des Projektionswinkels für Fischaugenoptiken u. a.) auch Kuppeln, die weniger als 180° überdecken. In allen Fällen wird aber eine gute Annäherung an die Sphäre gefordert.

Bei kleinen Kuppeln für entsprechend einfache Projektionsgeräte muß oft die Genauigkeit zugunsten anderer Eigenschaften wie niedriger Preis oder ihre Verwendbarkeit als transportables Planetarium zurücktreten. Die Funktion der Projektionsfläche übernehmen deshalb auch regenschirmartig aufgespannte Gebilde, aufblasbare Folienzelte oder zusammensetzbare Plasteteile. Etwas höheren Ansprüchen genügen kleine Gipskuppeln. Die sphärische Grundform liefert ein Skelett aus Stahldrähten, das mit Maschendraht überzogen und mit Gips beworfen wird. Eine rotierende kreisförmige Schablone erzeugt die Kugelgestalt.

Höherer Aufwand ist bei den großen Kuppeln notwendig. In vielen Fällen wird nach wie vor eine bereits von Bauersfeld 1924 entwickelte und von der Firma Dyckerhoff und Widmann AG ausgeführte Netzwerktechnologie verwendet, ein Verfahren, das unter dem Namen Zeiss-Dywidag zum Patent angemeldet wurde. Hier werden flache Eisenstäbe von 22 mm × 8 mm Querschnitt und reichlich 0,5 m Länge, jeweils fünf bzw. sechs in sogenannten Knoten sternartig verbunden. Sie liefern auf diese Weise ein netzartiges, halbkugelförmiges Gebilde hoher Stabilität und Tragfähigkeit bei gleichzeitig minimalem Materialaufwand und geringem Eigengewicht. An diesem Stabnetzwerk

⊙ Form und Genauigkeit der Projektionsfläche

Bild 4.1
Das Stabnetzwerk als Skelett für die Kuppel

sind Holzleisten befestigt, die schließlich die eigentliche Projektionsfläche tragen.

Eine solche Kuppel benötigt natürlich nach außen einen Wetterschutz. Das ist eine Frage der Gebäudegestaltung. Im Falle eines ebenfalls kugelförmigen Baus diente oft

Bild 4.2
Erste Stabnetzwerk-Kuppel auf dem Dach der Zeiss-Werke, Jena, 1923

auch ein solches Netzwerk als Kern für die Ausführung einer Betonkuppel. Bei ersten nach dieser Art hergestellten Kuppeln wurde rühmend hervorgehoben, daß die Betonschale mit Stabnetzkern einschließlich Korkisolierung und Dachbelag im Verhältnis zum Kuppeldurchmesser eine geringere Dicke besitze als eine Eierschale im Verhältnis zur Größe des Eies. Die erstmals nach diesem Prinzip gebaute Spannbetonkuppel war die 16-m-Kuppel auf dem Dach der Zeiss-Werke, die dann als Vorbild für viele weitere Gebäude diente.

◐ Die echofreie Kuppel

◐ Ein wesentliches Problem, das sich bei Kuppeln ab 10 m Durchmesser äußerst störend bemerkbar macht, ist der Nachhall. Die erwähnte erste Planetariumskuppel von 16 m Durchmesser war lediglich eine einfache, innen weiß gestrichene Betonschale. Der Schall wird an einer solchen Fläche mehrfach reflektiert, was zur Ausbildung von Schallbrennpunkten und zu einem Nachhall führt. In einer 20-m-Betonkuppel kann das Klatschen in die Hände noch nach 20 Sekunden wahrgenommen werden.

Mit der Lösung des Problems haben sich viele Akustikspezialisten beschäftigt. Bei den ersten Planetarien war beim Test verschiedenster Materialien einem Leinwandstoff der Vorzug gegeben worden, der, in horizontalen Bahnen aufgespannt, nur noch 10 % des auffallenden Schalles reflektiert. Zusätzlich hinderten unregelmäßig angeordnete Bleche den durchgetretenen Schall an einer gerichteten Rückkehr ins Kuppelinnere.

1933 wurde erstmals in Philadelphia und anschließend auch in New York, Tokio, Chapel Hill und Pittsburgh die Projektionsfläche aus dünnen perforierten und zusammengeschweißten Stahlblechen aufgebaut. Anstelle der Stahlbleche verwendete man 1952 im Palais de la Decouverte in Paris Aluminiumbleche. Sie stellen auch heute noch die häufigste Ausführungsart dar. In regelmäßiger Anordnung, d. h. in konstantem gegenseitigem Abstand, werden kleine kreisförmige Öffnungen in das Blech gestanzt. Ist *d* der

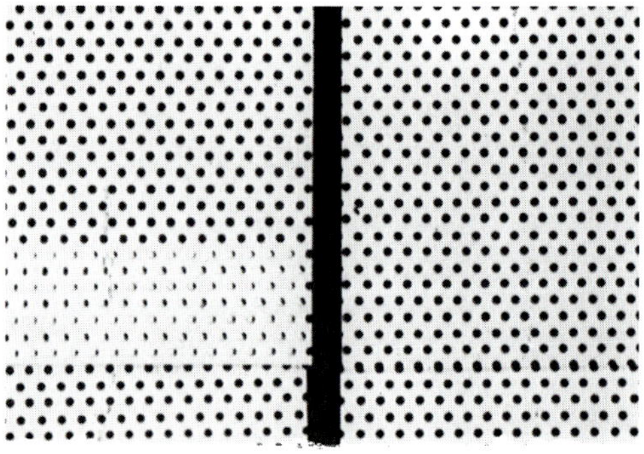

Bild 4.3
Perforierte Bleche als Projektionsfläche; die Überlappungen erzeugen helle Streifen und führen zu einem „Iglu-Effekt" in der Kuppel (links); durch Unterlegen von dunklem Material verschwindet das störende Muster (rechts).

Durchmesser der Löcher und a ihr gegenseitiger Abstand, dann sind beim Kuppelradius R die Gesamtanzahl der Öffnungen

$$A = \frac{4\pi R^2}{\sqrt{3}a^2}$$

und das Verhältnis der offenen zur gesamten Fläche

$$V = \frac{\pi}{2\sqrt{3}} \left(\frac{d}{a}\right)^2 .$$

Die folgende Übersicht zeigt die Entwicklung von den ersten Stahlblechen über die ersten Aluminiumbleche bis zu den heute üblichen Ausführungen.

		R in m	a in mm	d in mm	A in Mill.	V in %
Philadelphia	1933	20	7	2	15	7,4
Paris	1952	23	5,2	2	35	14,5
Jena	1985	23	3,2	1,6	94	22,7

Umgekehrt kann natürlich der Schall auch von außen nach innen durch derartige Projektionsfächen hindurchtreten. Das wird ausgenutzt in der regelmäßigen Anordnung einer Vielzahl von Lautsprechern hinter der Kuppel und zur Erzeugung räumlicher akustischer Effekte bei entsprechender Ansteuerung.

Die perforierte Projektionsfläche bietet neben den akustischen Vorteilen die Möglichkeit für einen im allgemeinen meist völlig unerwarteten, aber äußerst wirksamen optischen Effekt:

Die Durchmesser der Öffnungen von 1,6 mm entsprechen, von der Kuppelmitte aus gerechnet, einem Winkel von einer halben Bogenminute. Dieser Wert liegt weit unterhalb des Auflösungsvermögens vom Auge, d. h., der Beobachter sieht auch bei beleuchteter Kuppel die Öffnungen in der Projektionsfläche nicht. Trotzdem bedeuten die 94 Millionen Löcher in der 23-m-Kuppel eine nach außen offene Fläche von insgesamt 188 m^2 bei einer Gesamtfläche von 831 m^2.

Wesentlich ist aber, daß auch der gegenseitige Abstand von 3,2 mm, das entspricht einem Winkel von 1 Bogenminute, ebenfalls noch unter dem Auflösungsvermögen des Auges liegt. Das heißt umgekehrt, daß bei dunkler Kuppel und bei erhelltem Raum hinter der Projektionsfläche das Auge die Zwischenräume zwischen den Öffnungen ebenfalls nicht mehr erkennen kann. Ein hinter der Projektionsfläche beleuchteter Gegenstand wird deshalb ohne jede Unterbrechung oder Abdeckung sichtbar, lediglich etwas lichtschwächer, entsprechend dem Verhältnis zwischen der offenen und der gesamten Fläche. Der Zuschauer gewinnt den Eindruck, als existiere die trennende Projektionsfläche nicht mehr. Es ist wie ein Hauch von Magie, wenn durch den Beleuchtungswechsel von innen nach außen schlagartig die begrenzende Projektionsfläche verschwindet und Objekte sichtbar werden, von denen vorher überhaupt nichts zu bemerken war. Im Planetarium Rochester/USA hatte man auf diese Weise eine tanzende Gruppe hinter der Kuppel in das Geschehen einbezogen.

Bild 4.4
Die Perforation läßt die Kuppel durchsichtig werden. Ein von innen auf die perforierten Bleche projiziertes Bild und ein hinter der Kuppel befindliches Objekt sind gleichzeitig zu sehen.

☉ Sekundäre Reflexionen

☉ Die Leinwandbahnen als Projektionsfläche waren verständlicherweise sehr stark der Verschmutzung ausgesetzt. Ein Überstreichen schließt die Poren und vermindert die akustische Qualität. Ähnlich sind die Verhältnisse bei den sehr kleinen Öffnungen der Bleche. Von den Farbträgern bzw. den verwendeten Beschichtungen werden deshalb besondere optische und mechanische Eigenschaften gefordert.

Das auffallende Licht muß möglichst gleichmäßig in alle Richtungen zurückgestreut werden, damit die Bilder an allen Orten in der Kuppel gleich gut beobachtbar sind. Die Streuung muß neutral hinsichtlich der verschiedenen Farben erfolgen. Die heute üblichen hellen Panorama- oder Großbildprojektionen erfordern eine hohe Konstanz des Reflexionsvermögens über die gesamte Kuppelfläche. Das gilt insbesondere für die Stoßstellen bzw. Überlappungen der Bleche, die sehr oft ein igluartiges Muster in den Bildern hinterlassen und damit die Illusion einer dargestellten Landschaft zerstören. Die Schichten müssen abwaschbar und kratzunempfindlich sein.

Eine besondere Bedeutung kommt der Größe des gewählten Reflexionsgrades zu. In den ersten Planetarien führte das Bemühen um eine möglichst lichtstarke Projektion zur Auswahl von Anstrichen mit einer Reflexion von mehr als 80 %. Heute vielbenutzte helle Bilder wirken selbst wieder als Lichtquellen. Derartige sekundäre Reflexionen vermindern erheblich den Bildkontrast. Dieser störende Einfluß läßt sich durch die Wahl eines niedrigen Reflexionskoeffizienten der Projektionsfläche reduzieren. Genauer gesagt hat jede Art von Projektion wie Sternhimmel, Sonne, Dias, Ganzhimmelbilder ihr eigenes Optimum für den Reflexionskoeffizienten, das von 0,2 für All-sky-Darstellungen bis zu 0,8 für die Sterne reicht. Man ist deshalb auf einen Kompromiß angewiesen, der sich noch nach der Häufigkeit und der Bedeutung der verwendeten Effekte richtet. In Sternentheatern mit Ganzhimmelfilmprojektionen wird meist ein Wert von 30 % bis 40 % realisiert. Die Projektionsfläche erscheint deshalb nicht mehr weiß, sondern grau.

◐ Der künstliche Horizont

◐ Die Natürlichkeit der Nachbildung sollte nicht auf den Sternhimmel beschränkt bleiben, sondern auch den Horizont einschließen. Der ursprünglichen Bedeutung des Planetariums entsprechend wurde eine Silhouette des Aufstellungsortes durch aufgeklebtes dunkles Material oder häufiger durch Ausschneiden der Bleche in der gewünschten Form nach unten hin erzeugt. Das Stören dieser Stadtsilhouette bei Reisen auf der Erde und erst recht bei der Simulation von Raumflügen führte zur Benutzung der flexiblen Panoramaprojektion. Als Standard hat sich inzwischen die Verwendung von 12 Diaprojektoren herausgebildet, die in regelmäßigem Abstand dicht unter dem Horizont angeordnet sind und schräg am Gerät vorbei an die gegenüberliegende Kuppelfläche projizieren. Ein Sammeln umfangreicher Erfahrungen war nötig zur Vermeidung der Sichtbarkeit von Übergängen bei den Bildanschlüssen. Das Soft-edge-Verfahren erzeugt Panoramadias, die statt eines scharfkantigen Bildrandes einen verlaufenden und überlappenden Bildinhalt benutzen.

Da die Blendenmechanismen in den Projektoren am Hauptgerät das Licht zum Horizont hin nur allmählich unterdrücken, bleibt immer noch eine störende Reststrahlung unter dem Horizont. Zu ihrer Beseitigung waren gelegentlich schwarz glänzende lackierte Blechstreifen jalousieartig angeordnet, die das unerwünschte Licht nach unten und nach hinten abstrahlen. Auf jeden Fall wird licht- und schallabsorbierendes Material zur Wandverkleidung und als Fußbodenbelag verwendet.

Heute ist der Bereich unter dem Horizont mit einer Vielzahl von Projektoren für Zusatzeffekte ausgefüllt. Es gibt sogar Planetarien,

z. B. in Edmonton, deren Kuppel über einem ringförmigen Raum zur Unterbringung von Projektoren hängt. Fast überall sind am Horizont mehrere Gruppen von Lautsprechern untergebracht, hin und wieder auch noch eine farbige Effektbeleuchtung.

Bild 4.5
Der Horizont wird heute durch ein projiziertes Panorama gestaltet. Planetarium im Vonderau-Museum in Fulda, G. Habersack, Grafik des Panoramas: E. Decker

Vom Kuppelsaal zum Sternentheater

⊙ Ein Blick hinter die Kulissen des Sternentheaters

⊙ Beim Bau der ersten Planetarien im Jahre 1926, als die künftige, weltweite Bedeutung noch nicht abzusehen war, genügte ein Kuppelsaal, ein Vorraum mit Kasse, ein Aufenthaltsraum und die Möglichkeit zur Aufbewahrung der Werkzeuge für die Gerätewartung. Im Laufe der Zeit entwickelte sich ein solcher einfacher Zweckbau zu einer umfangreichen Planetariumsinstitution. Einen Einblick in die zusätzlich zur Kuppel üblichen Räumlichkeiten und in die dort genutzten technischen, künstlerischen und organisatorischen Einrichtungen eines heutigen Sternentheaters vermittelt ein Überblick über die notwendigen Arbeitsgänge zur Erstellung eines attraktiven Vorführprogrammes.

Den Anfang bildet die Erarbeitung eines Konzeptes. Dafür müssen Daten und vielseitige Informationen zusammengetragen werden; eine Bibliothek ist unerläßlich. Nach der zeitlichen Auflistung aller zu benutzenden Funktionen und Effekte, gemeinsam mit Text und Angaben zu Musik und Geräuschen in einer Art Drehbuch, erfolgt die Auswahl und Aufnahme von Musiksequenzen und akustischen Effekten in einem Tonstudio. Dort geschieht auch das Aufsprechen des Textes sowie das Zusammenmischen und das Schneiden der Bänder. Unterdessen sind in einem Grafiklabor Vorlagen für Panoramen und All-sky-Darstellungen entstanden, die oft noch durch Collagen oder Modelle, etwa von Puppen für Kinderprogramme, ergänzt werden. Diese gelangen dann in ein Fotolabor zum Abfotografieren. Es entstehen hier alle die für die einzusetzenden Projektoren notwendigen Bildinhalte in der gewünschten Ausführung, beispielsweise werden Techniken zur Verformung des Bildinhaltes eingesetzt oder bestimmte Objekte mit Hilfe von Masken ausgeblendet. Oftmals müssen Aufbauten für spezielle Effekte in Zusammenarbeit von Werkstatt, Optik- und Elektroniklabor gebastelt werden. Hin und wieder existiert bereits ein eigenes Videolabor. In einem kleinen Rechenzentrum werden die Steuerdaten mit Hilfe des Computers erstellt. Erst dann beginnt der Probelauf mit den entsprechenden Korrekturen.

Dieser kurze Überblick verdeutlicht die Notwendigkeit des Einsatzes der verschiedensten Gewerke mit den dazu erforderlichen vielfältigen Ausrüstungen. Sie werden noch ergänzt durch Einrichtungen für Verwaltung und Organisation, denken wir nur an die täglich rund 1000 Menschen in einem gut besuchten Planetarium, an Werbungen und Veröffentlichungen. Einen kuriosen und originellen Einfall hatten Mitarbeiter im Pla-

Edmonton Space Sciences Foundation

THIS CERTIFIES THAT ______ is
the donor of the star ______.
in the constellation of ______.

IN WITNESS WHEREOF, the said Corporation has caused this certificate to be signed by its duly authorized officers and its corporate seal to be affixed
this ______ day of ______ A.D. 19__.

Chairman of the Board

Bild 4.6
Bestätigung für den „käuflichen Erwerb" eines Sternes (siehe Text)

netarium Edmonton/Canada. Zur finanziellen Unterstützung bei Geräteanschaffungen hat man „Sterne verkauft“. Als Privatperson konnte man sich das Recht der Belegung eines Sternes im Planetarium mit seinem Namen erkaufen. Auf einer großen Sternkarte in der Eingangshalle steht der Name des Käufers bei seinem erworbenen Stern. Die hellsten Sterne waren natürlich die teuersten; ein Stern 1. Größenklasse kostete beispielsweise 5000 Dollar. Verständlich war die rege Nachfrage nach zwar bekannten, aber preiswerten lichtschwachen Sternen, wie etwa nach dem Reiterlein im Großen Wagen oder nach den Sternen in den Plejaden. Dem Käufer wurde auch per Zertifikat der Erwerb „seines“ Sternes bescheinigt.

Wegen der notwendigen Adaption der Augen an die Dunkelheit beim Übergang vom hellen Tageslicht in die gedämpfte Beleuchtung des Kuppelraumes, wird der Zugang, die Eingangshalle, vielfach als Ausstellungsraum gestaltet und genutzt, in dem der Besucher zum längeren Verweilen angehalten wird.

◐ Kombinationen des Planetariums mit anderen Kultureinrichtungen

◐ Auch das komplette Planetarium mit dem Sternensaal und all den genannten zusätzlichen Einrichtungen arbeitet in vielen Fällen nicht mehr für sich allein, sondern in fruchtbarer Zusammenarbeit mit anderen Kultureinrichtungen. Das geschieht einerseits aus rein praktischen und organisatorischen Erwägungen, wie dem gemeinsamen, kostensparenden Einsatz von Personal beispielsweise für Gerätewartung oder Reinigung, und andererseits aus Gründen der gegenseitigen Zuführung von Besuchern. Einige charakteristische, oft realisierte Gemeinschaften sind die folgenden:

Das Planetarium als Teil eines Museums

Ein typisches Beispiel für die organische Eingliederung des Planetariums in eine größere Einheit ist das Naturkundemuseum. Unter dem Sternhimmel erhält der Besucher Informationen über den Weltenraum und die Erde als Himmelskörper, in einer anschließenden geologischen Abteilung über die Herausbildung der Kontinente, über Gestei-

Bild 4.7
Kombination von Planetarium und Museum, Jules-Verne-Museum in Nantes/Frankreich

Bild 4.8
Space-Shuttle und Raumstationen in der „Stadt der Wissenschaften und Industrie" in La Villette/Paris

ne, Minerale und Kristalle. Die Exponate im biologischen Bereich berichten über die Entwicklung des Lebens bis hin zur Geschichte des Menschen. Hier schließt sich meist die Technik mit beeindruckenden Erfindungen und Entdeckungen an. Den Abschluß bilden oft Betrachtungen zum Umweltschutz. Das Planetarium wird hier zum Element in einer logischen Folge.

In Nantes/Frankreich, der Geburtsstadt von Jules Verne, ist das zu seinem Gedenken errichtete Museum kombiniert mit einem Planetarium. „Das Museum ‚Jules Verne' liegt in der Rue de l'Hermitage und überragt die Loire. Es könnte keinen besseren Standort für dieses Museum geben, das Groß und Klein, alle die Reisen, Schiffe, ferne Länder, den Traum und das Abenteuer lieben, begeistern muß." Die in diesem Prospekt angekündigten Erlebnisse finden inzwischen eine natürliche Fortsetzung in den Reisen durch das Weltall im Planetarium.

In Kaluga, der Heimatstadt des Pioniers der Raketentechnik Ziolkowski, verfügt das Raumfahrtmuseum ebenfalls über ein Planetarium. Auf diese Weise werden dem Besucher neben der Demonstration vieler exklusiver Ausstellungsstücke Ziele und Hintergründe der Raumfahrt verdeutlicht.

Das Planetarium im Wissenschaftszentrum

Eine heute weit verbreitete und beliebte Einrichtung, in der das Planetarium weiterhin eine zentrale Stellung einnimmt, ist das Science Center, das Wissenschaftszentrum. In einem Prospekt des Space Science Center Edmonton/Canada heißt es: „Das Sternentheater spielt nach wie vor die Hauptrolle in dem Zentrum, obwohl auch hier neue Dimensionen eröffnet werden, indem Experimente wie Reisen zum Rande des Universums oder ein Fensterplatz bei einem Space-Shuttle-Start angeboten werden. Aber das Wissenschaftszentrum reicht weit über das traditionelle Planetarium hinaus. Es ist ein Ort, an dem Wissenschaft lebendig wird, wo die Besucher lernen und sich erfreuen können." Das Wesen einer solchen Einrichtung besteht in der aktiven Einbeziehung des Besuchers. Das beginnt mit dem Computerdialog und geht über die Benutzung von Personenwaagen, die das eigene Körpergewicht auf dem Mond oder anderen Himmelskörpern anzeigen, und reicht bis zu vielseitigen Möglichkeiten selbständigen Experimentierens.

Natürlicher und künstlicher Sternhimmel

Da das Planetarium auch zur eigenen Beobachtung anregt, liegt es nahe, dem Besucher in Ergänzung zur Vorführung mit dem Blick durchs Fernrohr die schmale Sichel des Planeten Venus am Tageshimmel oder die Entwicklung einer Protuberanz, eines Gasausbruches auf der Sonne, „live" beobachten zu lassen. Umgekehrt ist die Planetariumsvorführung auch für die Besucher des Observatoriums eine willkommene Ergänzung, die verständlicherweise besonders bei bewölktem Himmel gern genutzt wird.

Bild 4.9
Kombination von Planetarium und Observatorium, Smoljan/Bulgarien

Besonders attraktiv ist die Projektion des aktuellen Bildes der Sonne über einen Heliostaten und entsprechende Abbildungsoptiken direkt an die Kuppel im Sternensaal, besonders in der Zeit maximaler Aktivität, in der vielgestaltige Fleckengruppen beobachtbar sind. Selbst eine vorüberziehende Wolke erhöht den Reiz dieser Live-Demonstration. Das Planetarium Chorzow in Polen ist eines der ersten, das bereits in den 60er Jahren über eine solche Möglichkeit verfügte. In Madrid und Berlin wird das Bild der Sonne und das Sonnenspektrum in einem gesonderten Raum neben der Kuppel sichtbar gemacht.

Inzwischen wird auch für diesen Zweck die optisch-mechanische Bildübertragung durch eine elektronische ersetzt. Eine CCD-Kamera am Teleskop besorgt die Erfassung und ein Videoprojektor in der Kuppel die Wiedergabe des aktuellen astronomischen Bildinhaltes. Neben dem Bild der Sonne ist eine Mondfinsternis oder eine Sternbedekkung durch den Mond (z. B. in der Aktion „Astro live" im Planetarium in Westberlin) ein beliebtes Demonstrationsobjekt. Im Planetarium von Pittsburgh kann der Besucher selbst entscheiden, welches Objekt in die Kuppel projiziert werden soll.

Himmel und Meer

Eine originelle und nicht seltene Kombination stellt die Vereinigung von Planetarium und Aquarium dar. Eine Ausführung besonderer Art ist dabei das Planetarium in Brasilia. Hier liegt das Aquarium wie ein Kranz um die Planetariumskuppel herum. Mitten in diesem ringförmigen Aquarium befindet sich wieder schlauchartig ein Umgang für die Besucher. Es schwimmen also die Meerestiere hinter dicken Glaswänden sowohl zu beiden Seiten als auch über dem Kopf und unter den Füßen des Betrachters. Er gewinnt das Gefühl, „mitten drin" zu sein.

Vielleicht noch etwas häufiger als die Kombination mit dem Aquarium ist die Verbindung zu einem botanischen oder zoologischen Garten. Bereits eines der allerersten Planetarien, nämlich das von Leipzig, stand im Gelände des Zoologischen Gartens.

Astronomie und Gastronomie

Eine Gaststätte, ein Café oder eine Imbißstube sind heute fast zur Selbstverständlichkeit in einem Planetarium geworden. Trotzdem gibt es auch hier einige Besonderheiten und Kuriositäten. Das Planetarium Olsztyn/Polen verfügt über eine „Andromeda-Bar". Der Raum ist entsprechend der Legende um die gefesselte Königstochter Andromeda ausgestaltet. Die Ketten, verbunden mit farbigen Glasplatten, dienen als Gestaltungselemente für die Raumteiler in diesem Café.

In Kufstein in Österreich befindet sich ein Planetarium mit einer 6-m-Kuppel unter dem Dach eines Hotels. In Marseille/Frankreich befand sich ein Planetarium in einem Kaufhaus. Es ist leider einem Brand zum Opfer gefallen. Mitten in einem Vergnügungspark steht das Planetarium in Goiania/Brasilien.

Die Aufzählung läßt sich noch um viele Beispiele ergänzen: das Klagenfurter Planetarium in Österreich neben dem Minimundus (die Welt im Kleinen), die Kombination mit einem kleinen Schauspieltheater und einem Museum für französische Möbel des 17. Jahrhunderts im ehemaligen Jesuitenkloster in Reims in Frankreich, die Errichtung von Planetarien auf dem Gelände der Weltausstellungen in Brüssel, Paris und Sevilla oder das Planetarium im Nehru-Kulturzentrum in Bombay, um nur noch einige zu nennen.

Bild 4.10 Kombination von Planetarium und Aquarium, Brasilia

Planetarien in der Architektur

⊙ Bedeutende Gebäude des gesellschaftlichen Lebens waren und sind immer auch ein besonderes Betätigungsfeld der Architektur, seien es Dome, Paläste, Rathäuser, Museen oder Denkmäler verschiedenster Art. Auch Planetarien haben sich inzwischen einen festen Platz als Institution für Kultur, Lehre und Erholung im Gefüge einer Stadt erworben. Es verwundert deshalb nicht, daß eine solche Einrichtung und ihr gesamtes Umfeld ebenfalls zu einem beliebten und reizvollen Objekt vielseitiger architektonischer Gestaltung geworden sind.

Oftmals werden astronomische Aspekte in die Gestaltung der Außenanlagen einbezogen. In großräumigen Geländen um ein Planetarium herum lassen sich ausgezeichnet kosmische Größen und Entfernungen veranschaulichen. In Edmonton/Canada kreuzen die Wege zum Planetarium die Planetenbahnen eines auf den Park übertragenen Sonnensystems. In Borlänge/Schweden steht das Modell der Sonnenkugel auf dem Dach des gegenüberliegenden Hauses. Ähnliche modellhafte Ausgestaltungen finden wir in den Anlagen um die Planetarien in Münster und Moskau. Die Sonnenuhr, in einer ihrer vielfältigen Ausführungen, gehört heute schon fast zur Grundausstattung.

Nicht immer besteht die Möglichkeit zur Errichtung eines architektonisch gestaltbaren Neubaus. Oft muß ein vorhandenes Gebäude genutzt werden, in das ein Planetarium einzufügen ist. Im Palais de la Decouverte in Paris war das Planetarium in einer großen Eintrittshalle errichtet worden. Die Kuppel hatte dabei umfangreiche kunstvolle Verzierungen verdeckt. Inzwischen sind diese in alter Pracht wieder zu bewundern, nachdem das Gerät ausgetauscht und in einer kleineren Kuppel in einem Nebentrakt aufgebaut werden konnte. In einem ehemaligen Wasserturm hat das Hamburger Planetarium seinen Platz gefunden. In Riga hat man 1964 sogar eine Kirche umfunktioniert und in eine der Kuppeln eine Projektionsfläche von 16 m Durchmesser eingebaut.

⊙ Ein beliebtes Objekt architektonischer Gestaltung

Bild 4.11
Die Versenkbarkeit des Gerätes ermöglicht neben Effekten für die Vorführung eine Mehrzwecknutzung des Kuppelraumes; Zeiss-Großplanetarium Berlin

Eine originelle Lösung finden wir in Fromburg/Polen. Das Planetarium ist im Turm, in dem Kopernikus gearbeitet hat, untergebracht. Die Treppe windet sich in einer Spirale um die Kuppel herum nach oben. Der Besucher, der auf den Spuren von Kopernikus zur Beobachtungsstation emporsteigt, blickt zurück auf eine als Mondglobus ausgestaltete Außenfläche der Kuppel.

Auch die Innenarchitektur muß in Fragen der Beleuchtung, Klimatisierung, Bestuhlung den speziellen Anforderungen des Sternentheaters gerecht werden. Das betrifft beispielsweise die Licht- und Schallabsorption an Wänden und Fußboden oder die funktionsgerechte Ausgestaltung des Kuppelhorizontes für die Aufnahme von Zusatzprojektoren und farbigen Peripheriebeleuchtungen. Die Ausführung der Stühle muß eine bequeme Überblickbarkeit der gesamten Kuppel ermöglichen. Dazu dienen meist kippbare Lehnen oder sogar drehbare Sessel. Einen zusätzlichen Aufwand für die Gestaltung des Innenraumes bedeutet die Realisierung einer Versenkbarkeit des Gerätes.

Bild 4.12
Die Kugel als gestaltendes Element, Planetarium Wolfsburg

Geometrische Formen als Grundlage der Gebäudegestaltung

Die Kugel als gestaltendes Element

Die Kugelgestalt der Kuppel gibt verständlicherweise vielen Planetarien auch das äußere Gepräge. Unter den vielfältigen Variationen macht die einfache halbkugelförmige Gebäudekuppel schon im äußeren Anblick auf die Besonderheit dieser Einrichtung, auf ein künstliches Himmelsgewölbes, aufmerksam.

Es kann aber auch die Kugel als gestaltendes Element noch viel deutlicher in Erscheinung treten. Beim Planetarium Wolfsburg ist die sphärische Form über die Halbkugel hinaus nach unten fortgesetzt. Von weitem meint man, eine große, in die Landschaft gerollte Kugel zu entdecken. Auf der einen Seite sind zusätzliche Räumlichkeiten in Gestalt eines Schneckenhauses angesetzt, durch das der Besucher ins Innere des Sternensaales geleitet wird. Im ursprünglichen Projekt war diese Kugel sogar noch von Wasser umgeben. Das als Modell gebaute Objekt vermittelte damit den Eindruck einer im Wasser schwimmenden Kugel. Auch im Inneren stützt sich die halbkugelförmige Kuppel nicht, wie in den meisten Fällen, auf einen zylinderförmigen Unterbau, sondern die Kugel ist auch hier bis zum Fußboden fortgesetzt..

Eine weitere Besonderheit stellt die Ausstattung einer solchen Kugel mit einer spiegelnden Oberfläche dar. Ein eindrucksvolles Beispiel dafür ist das Omnimax-Theater, die sogenannte Geode, in der „Stadt der Wissenschaften und Industrie" von La Villette in Paris. Dem Besucher wird ein Bild der umliegenden Landschaft, einschließlich Sonne und Wolken, in der Art einer All-sky-Projektion geboten. Eine solche spiegelnde Kuppel besitzt auch das Planetarium im Science Center „Heureka" in Vantaa/Finnland. Sie ist dort gleichzeitig eines von mehreren ineinanderverschachtelten geometrischen Gebilden, aus denen das Objekt aufgebaut ist. Beispielsweise schließt sich an die Kugel ein liegender, abgeschnittener Zylinder an.

Eine völlig andere, aber nicht weniger interessante Realisierung auf der Grundlage der Kugelgestalt stellt das Kopernikus-Planetarium in Chorzow/Polen dar. Schon von weitem erkennt man die große Außenkuppel von 25 m Durchmesser, die der Architekt Zbigniew Sewala mit einem Kranz von zusätzlichen Räumlichkeiten derart umgeben hat, daß sie das Aussehen des ringgeschmückten Planeten Saturn erhält. Auf einer breiten Freitreppe gelangt der Besucher vom

Bild 4.13
Ein besonderer Effekt wird durch die reflektierende Oberfläche der Kuppel erreicht; Geode, La Villette/Paris

Park her unterhalb des „Ringes" in die „Planetenkugel".

Diese Ringgestalt wird auf der Rückseite durch einen an das Planetarium anschließenden Gebäudekomplex von rund 50 m Durchmesser wiederholt, dessen geräumiger Innenhof als riesige Sonnenuhr gestaltet ist. An diesen Ring schmiegt sich noch ein Observatorium mit einer 8-m-Kuppel an. Auf der Südseite befindet sich auch der Heliostat, der das Licht der Sonne in das Innere des Planetariums lenkt.

Das flache Dach des „Sonnenuhrgebäuderinges" ist als Terrasse ausgebildet und bietet gleichzeitig mehreren Besuchergruppen Platz zur visuellen und instrumentellen Beobachtung des natürlichen Sternhimmels. Neben den üblichen Ausstattungen verfügt das Planetarium noch über eine meteorologische und eine seismologische Station, über ein spektrografisches Labor und eine Optikwerkstatt zum Schleifen und Polieren kleiner Teleskopspiegel.

Eine eigenwillige Lösung, ebenfalls in der sphärischen Grundform, finden wir im Gebäude des Planetariums Nantes in Frankreich. Hier ragt nur die Hälfte der Kuppel, also das Viertel einer Kugel ins Freie, während der restliche Teil unter einer üblichen schiefergedeckten Dachschräge liegt.

Bild 4.14
Nachbildung des Planeten Saturn, Planetarium Chorzow/Polen

Bild 4.15
Schräg abgeschnittener Zylinder als Kernstück eines Planetariums, ursprüngliches Projekt für das Space Science Center in Edmonton/Kanada

Zylinder, Kegel und Hyperboloide

Ein originelles Projekt, bei dem die Kugelform äußerlich überhaupt nicht mehr sichtbar ist, ist das vom indianischen Architekten Cardinal entworfene Planetarium für Edmonton in Kanada. Die zentrale Einheit bildet ein schräg abgeschnittener Zylinder, in dem sich das Herzstück, das Sternentheater, befindet. Die beiden unterschiedlichen geometrischen Formen, die innere Halbkugel und der äußere Zylinder, führen natürlich zu großen umbauten und nicht genutzten Räumen.

Die nach oben abschließende ellipsenförmige schräge Ebene hatte ganz praktische Gründe. Sie ist geschwärzt, nach Süden gerichtet und mit einem Neigungswinkel versehen, der eine maximale Aufnahme der Sonnenstrahlung gewährleistet, die für Heizungszwecke ausgenutzt werden sollte.

Eine weitere Besonderheit ist die Spiralform des um den Zylinder liegenden Gebäudeteiles. Hier reihen sich die verschiedenen Arbeitsräume so aneinander, daß nach einem vollen Umgang von 360° der Höhenunterschied von einem ganzen Stockwerk überwunden ist. Auf einer solchen Schraubenwindung wird der Besucher vom Haupteingang durch mehrere Ausstellungsräume hinauf zum Sternensaal geführt. Ohne auch nur eine einzige Stufe überwinden zu müssen, gelangt auch der Rollstuhlfahrer in das am höchsten gelegene Sternentheater.

Im ursprünglichen Projekt war der zentrale Zylinder noch von orgelpfeifenartigen Säulen – ohne funktionelle Bedeutung für das Science Center – umgeben. Aus Kostengründen wurde in der realisierten Variante darauf verzichtet.

Kegel und Kegelstümpfe in verschiedenen Abwandlungen sind ebenfalls ein beliebtes Gestaltungselement für Planetariumsgebäude. Beispiele dafür sind das Planetarium in Colombo/Sri Lanka oder das Raumflugplanetarium in Halle/Saale. Auch dem Gebäude in Porto Alegre in Brasilien, das der berühmten Basilika in der Hauptstadt Brasiliens ähnelt, liegt diese Form zugrunde.

Wie der Panzer einer Schildkröte hüllt die äußere Schale die Innenkuppel und weitere Nebenräume im Planetarium von Santa Maria im Süden von Brasilien ein. Es ist gleichzeitig ein Beispiel für ein Planetarium innerhalb einer Universität. Ganz im Gegensatz zu diesen nach unten führenden Linien stehen die aufstrebenden Formen der Hyperschalen am Planetarium der libyschen Hauptstadt Tripolis. Diese im Spritzbetonverfahren

Bild 4.16
Aufstrebende Hyperboloid-Schalen im Planetarium Tripolis/Libyen (Mitte)

Bild 4.17
Planetarium in der Gestalt eines Kegels, Colombo/Sri Lanka

hergestellten riesigen Schalen haben die Form von Hyperboloiden.

Einer dreikantigen Pyramide begegnet man im Planetarium von Baroda, einer kleinen Stadt nördlich von Bombay in Indien. Die glatten Betonwände, die diese Pyramide formen, sind allerdings aufgelockert durch eine Vielzahl fast regellos angeordneter Würfelecken, die die Mantelflächen von innen nach außen durchsetzen. Diese dreikantigen Reiter auf den schrägen Flächen sind verglast und bilden die Fenster für das Gebäude.

Bild 4.18
Planetarium in der Form einer dreikantigen Pyramide, Baroda/Indien

Bild 4.19
Der Natursteinbau war zur Anpassung an die Gebäude in der Umgebung gewählt worden; Planetarium New Delhi

⊙ Einfluß äußerer Bedingungen auf die Formgestaltung

⊙ Neben der Verwendung dieser geometrischen Elemente gibt es natürlich weitere Gesichtspunkte für die Formgestaltung eines Planetariums. Sehr häufig beeinflußt der jeweilige Kulturkreis die Ausführung des Gebäudes. So erkennt man sofort am Planetarium in Bengazi/Libyen den Standort in einem arabischen Land.

Auch die Anpassung an den Stil der Umgebung kann ein entscheidender Grund für die Gestaltung sein. Ein typisches Beispiel dafür ist das Planetarium in New Delhi in Indien. Es ist in der Umgebung antiker Gebäude errichtet worden und hat deshalb selbst die Gestalt eines antiken Tempels.

Die örtlichen Gegebenheiten des Bauuntergrundes waren bestimmend für die äußere Form des „gestalterisch ausgefallendsten Planetariums der Welt", wie es in einem Sonderdruck zur Eröffnung des Planetariums in Stuttgart heißt. Durch eine Art „Pfahlbau" konnte ein Kanal überbrückt werden. „Als architektonisch logische Folgerung mußte die das Gebäude tragende Konstruktion auf diese Pfähle aufgesetzt werden. Und so ‚erfanden' die Planer eine riesige, viele Tonnen schwere ‚Spinne' aus Edelstahl. An ihr hängt das stufenartige Dach des zwanzig Meter weiten und zehn Meter hohen Kuppelsaales."

Auch bei der Innenarchitektur wurde in diesem Beispiel Wert auf die Betonung der Technik gelegt: „Um den technisch modernen Charakter des Baus hervorzuheben, blieben überall an den Decken die dort verlaufenden Versorgungsleitungen unverkleidet – sie tragen mit zur besonderen Atmosphäre im neuen Planetarium bei."

Das Planetarium in Karachi erhielt seine etwas gedrungene, mehr ellpsoidähnliche Gestalt, indem eine aufgeblasene Folie die Grundlage für das Betonieren bildete.

Das sind nur einige wenige ausgewählte Beispiele aus der Vielfalt architektonischer Gestaltungen von Planetarien.

Vom Spielplan des Sternentheaters

☉

Das breite Spektrum des Planetariumseinsatzes

☉ Bei den Vorläufern der Projektionsplanetarien lassen sich die Motive für ihren Bau und ihre Einsatzgebiete wie folgt zusammenfassen:

Die Gestaltung des jeweiligen Weltbildes im Modell

Eine neue Erkenntnis über den Aufbau der Welt führte meist auch zur anschaulichen modellhaften Nachbildung. Beispiele dafür sind der Himmelsglobus für die Erkenntnis des Sternhimmels als Vollkugel, Tellurien und Planetariumsmodelle für die heliozentrische Lehre, Lunarien für die Entdeckung von Monden bei den Planeten oder die Widerspiegelung der Keplerschen Gesetze in den Getriebeausführungen.

Lehre und Unterricht

Häufige Anwendungen sind die Demonstrationen von Bewegungsvorgängen, die Erläuterung der astronomischen Koordinatensysteme und sogar die Lösung von Aufgaben der sphärischen Trigonometrie. Der von Ptolemäus im Almagest beschriebene, um drei Achsen drehbare Himmelsglobus ermöglichte beispielsweise das Ablesen von Auf- und Untergangszeiten der Gestirne für verschiedene Orte und Zeiten.

Beobachtung und Messung

Besonders die Armillarsphären und Astrolabien dienten neben der Demonstration der Winkelmessung und Zeitbestimmung. Auf diese Weise enstanden die frühesten Sternkataloge von Aristyll, Timocharis und Hipparch. Das Astrolabium war bei den Arabern ein gebräuchliches Hilfsmittel zur Bestimmung der Gebetszeiten.

Benutzung als Kalender

Aus dem Wunsch zur Vorausbestimmung besonderer Ereignisse wie Mondphasen, Finsternisse, Feiertage erwuchs der Bedarf an astronomischen Kalendermaschinen. Diese mußten die beiden, für Planetarien charakteristischen Eigenschaften besitzen – die Einstellbarkeit des Himmelsanblickes für ein bestimmtes Datum und die Zeitraffung. Die Sphäre des Archimedes und auch die Antikythera-Maschine dienten bereits diesem Zweck.

Echtzeitdarstellung von Himmelsereignissen

Die Ausrüstung der Himmelsmaschinen mit einem geregelten Antrieb (fließendes Wasser, tropfendes Quecksilber, mechanische

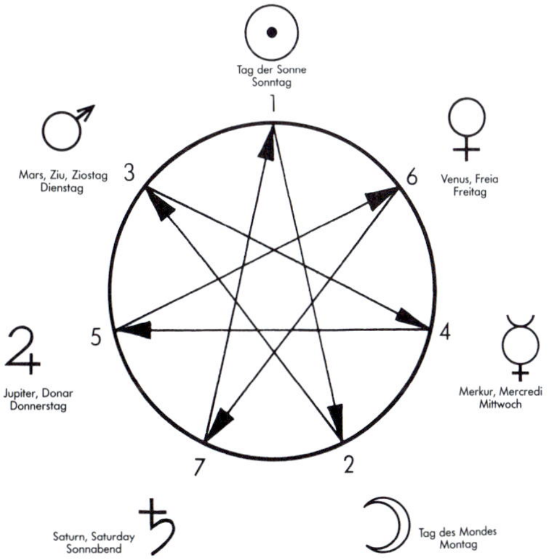

Bild 4.20
Kalenderfragen sind ein beliebtes Objekt zur Erklärung von Gewohnheiten aus dem alltäglichen Leben mit Hilfe des Planetariums. Die Wochentage sind nach Sonne, Mond und den fünf mit bloßem Auge sichtbaren Planeten benannt; das Heptagramm erklärt ihre Reihenfolge auf der Grundlage des geozentrischen Weltbildes.

Hemmeinrichtungen) führte zur Schaffung astronomischer Uhren.

Kunst und Schmuckgegenstände

Reich verzierte und künstlerisch gestaltete Geräte waren ein beliebtes Geschenk in wohlhabenden Gesellschaftskreisen.

Sehr vielseitig ist die Nutzung der Projektionsplanetarien. Bei den rund 2000 Geräten in über 60 Ländern auf allen fünf Kontinenten ist der Einsatz verständlicherweise geprägt durch die verschiedenen Kulturkreise, Mentalitäten, Bräuche und sogar durch die geographische Lage.

In arabischen Ländern spielt der Mond eine besondere Rolle in den Vorführungen. Bildhafte, farbenprächtige Darstellungen werden dort nüchternen Linien und Gradnetzen vorgezogen. In der Einweihungsvorführung eines Planetariums wurde mit Hilfe der Panoramaprojektoren die Kuppel mit farbig unterlegten Korantexten ausgefüllt. In Indien hatte man den Projektor nach beendeter Montage mit der Milch einer im Tempel geweihten Kokosnuß getauft. In Brasilien fand man Gefallen an einer Vorführung, in der rhythmische Tanzmusik den Takt zu periodischen Bewegungen von Himmelskörpern begleitete. Mitteleuropa war in den 50er und 60er Jahren bekannt für seine mehr sachlich belehrende Gerätenutzung. Charles Hagar in San Franzisko belächelt in einem 1969 veröffentlichten Artikel vom Standpunkt der ohnehin mehr showbetonten amerikanischen Art die „klassisch europäische" mit ironischem Humor:

„... Während der folgenden Stunde werden die Erdlinge Zeugen eines kosmischen Duells zwischen dem Vortragenden und der Kreatur in der Raummitte, wobei beide ständig versuchen, einander in der Zahl astronomischer Fakten und Bewegungen zu übertrumpfen, die man in eine einzige Stunde stopfen kann. Der Projektor wirbelt herum und zeigt die erstaunlichsten astronomischen Verrenkungen, um die Erdlinge mit seiner Mimikri von Tagesbewegung, Jahresgang, Polhöhenfahrt und Präzession zu beeindrucken. Der Mond flitzt durch seine Phasen. Die Sonne rutscht am Meridian auf und nieder, den ewigen Mittag vorführend. Die Erdlinge werden zum Polarkreis mitgenommen, um die Mitternachtssonne zu sehen. Sie steigen zum Äquator hinunter, wo sie mit dem Kreuz des Südens und den Magellanschen Wolken konfrontiert werden. ..."

Die Entwicklung der Gerätenutzung ist weiterhin geprägt und beeinflußt durch den zunehmenden Einsatz von Spezialeffekten, von Audio- und Videotechnik und besonders durch die Automatisierung der Geräte. In den Vorführungen spiegeln sich auch besondere Ereignisse wie die der Raumfahrt wider.

Die nachstehend ausgewählten Beispiele vermitteln einen Eindruck vom breiten Spektrum des Einsatzes und gleichzeitig von der Vielgestaltigkeit der Darstellungsmöglichkeiten der Projektionsplanetarien.

Bild 4.21
Erste Astronomie-Unterrichtsstunde im Planetarium Jena am 6. 12. 1926

⊙ „Es ist von größter Bedeutung, dem breiten Publikum Gelegenheit zu geben, die Bemühungen und Resultate der wissenschaftlichen Forschung bewußt und intelligent mitzuerleben." Diese Worte von Albert Einstein drücken das ursprüngliche Anliegen und die noch heute zentrale Aufgabe des Planetariums aus, dem Besucher die Wunder des Sternhimmels nahezubringen und zu erklären, das Interesse für die Beschäftigung mit der Astronomie zu wecken und astronomische Kenntnisse mit der dieser Einrichtung eigenen Anschaulichkeit auch emotional zu vermitteln. Es verfügt über die Möglichkeit, nicht nur über das Weltall zu berichten, sondern das Weltall erlebbar zu machen.

Es kann dem Besucher die Stellung der Erde und des Menschen im Universum bewußt machen. Es zeigt die Erde als kleines Teilchen in einer großen Ordnung. Es läßt das Ringen im Erkenntnisprozeß zum Aufbau und zur Entwicklung des Universums nach- und miterleben. Das beginnt mit dem Nachweis der Kugelgestalt der Erde und reicht über die Kämpfe um das Erkennen unserer Erde als Planet im Sonnensystem bis hin zu den Fragen nach Leben auf anderen Himmelskörpern, nach Ursprung und Ziel der Entwicklung des Weltalls. Dabei wird deutlich, daß das Vordringen in immer größere Tiefen des Alls gleichzeitig eine wiederholte Erschütterung der erkannten Position des Menschen im Universum gewesen ist. Ursprünglich stand der Mensch im Zentrum. Alles um ihn herum war seinetwegen geschaffen. Das Erlangen neuer Erkenntnisse bedeutete eine stufenweise Versetzung aus dieser zentralen Lage in eine immer untergeordnetere Stellung.

In der heutigen Zeit vollzieht sich wiederum ein Wandel. Die zunehmenden Erkenntnisse führen uns deutlich vor Augen, daß unsere bewohnte Erde etwas sehr Kostbares und Zerbrechliches im Weltraum darstellt, dessen Erhaltung uns herausfordert, uns eine Verantwortung auferlegt und uns in die Rolle des aktiven Eingreifens drängt. In gewisser Weise erleben wir damit eine Umkehrung unserer Anschauung – zurück zu einer zentralen Bedeutung der Erde. Es ist eine verantwortungsvolle Aufgabe des Planetariums, auf diese Zusammenhänge und Probleme aufmerksam zu machen.

Bild 4.22
In den Planetarien werden vielfältige Informationsmaterialien zum Kauf angeboten; Heft aus der Schriftenreihe des Jenaer Planetariums

⊙ Erlebnis Universum

◐ Es ist schon eine außergewöhnliche Idee, das Planetarium, also den künstlichen Sternhimmel, zur Untersuchung der Frage einzusetzen, ob auch die Sterne bei der Orientierung der Zugvögel eine Rolle spielen könnten. Neben der Möglichkeit einer kurzfristigen Änderung von Bedingungen wie Tages- und Jahreszeit, geographische Breite und Himmelsrichtung im Planetarium wird von der Natürlichkeit der Sternhimmelnachbildung als einer entscheidenden Voraussetzung Gebrauch gemacht, ohne die ein solcher Versuch von vornherein offensichtlich seinen Sinn verlieren würde.

Im Frühjahr und im Herbst 1956 haben die beiden Ornithologen Dr. Franz Sauer und Dr. Eleonore Sauer derartige Versuche im Olbers-Planetarium in Bremen durchgeführt. Sie setzten dazu die nachtziehenden Garten-, Mönchs- und Klappergrasmücken

◐ Orientieren sich Vögel nach den Sternen?

zur Zeit ihres Zugtriebes ein. Der Käfig, der nur den Blick zum Himmel freigab, war besonders präpariert, um auch in der Dunkelheit hinreichend gesicherte Aussagen zur jeweils eingeschlagenen Flugrichtung ableiten zu können. Man hatte auch darauf geachtet, den Käfig so nahe wie möglich an das Gerät zu stellen, um parallaktische Fehler weitestgehend auszuschließen.

Die beiden Autoren schreiben zu den Ergebnissen in ihrer Veröffentlichung, daß eine Veränderung im Anblick des Sternhimmels um einige Stunden von den Vögeln als Ortsveränderung in Ost- bzw. Westrichtung gedeutet und durch ein entsprechendes Gegensteuern ausgeglichen worden sei und daß sie ebenso bei Änderungen der geographischen Breite mit Richtungsänderungen entsprechend ihrer Flugroute in der Natur reagiert hätten.

Das steht durchaus im Einklang zu heutigen Erkenntnissen – den nachtziehenden Vögeln dienen sowohl das Magnetfeld als auch die Sterne zur Orientierung. Es soll aber nicht näher auf ornithologische Sachverhalte eingegangen werden. Dieses Beispiel demonstriert die Nutzung des Planetariums zur Durchführung von Experimenten.

◐

Das lebensnotwendige Training der Astronauten und Argonauten

◐ „Der Gebrauch von Sextanten wird am Planetariumshimmel geübt". Dieser Satz steht in der Ankündigung zu einem Kurs über „Astronomische Navigation" im Planetarium Wolfsburg. Die Handhabung der Instrumente und das Kennenlernen der Verfahren zur Ortsbestimmung werden am künstlichen Sternhimmel des Planetariums trainiert. Der Prospekt nennt neben einer „reizvollen Beschäftigung mit diesem Themenkreis" noch einen ganz praktischen Grund für diese Aktion: „Das Beherrschen der Astronavigation ist die Voraussetzung für das Ablegen der Sporthochseeschifferprüfung".

Derartige Ausbildungen finden heute grundsätzlich noch an Seefahrtsschulen statt. Das ist auch der Grund für die häufige Ausrüstung dieser Institutionen mit einem Planetarium. Für diese Anwendungen des Planetariums spielen die Exaktheit der Sternhimmelnachbildung, die wahlweise Einstellung des Himmelsanblickes für verschiedene geographische Breiten und verschiedene Zeiten und nicht zuletzt die Verfügbarkeit von Hilfslinien am Himmel eine Rolle.

Neben der Schiffahrt sind solche Ausbildungen auch in der Raumfahrt üblich. Die Astronauten absolvieren grundsätzlich ein Training im Planetarium. Das Trainingszentrum im Sternstädtchen bei Moskau verfügt über ein Planetarium besonderer Art. Zum ersten ist die Kuppel bis zu −15° unter dem mathematischen Horizont fortgesetzt, um auch den Himmelsanblick vom Raumschiff aus darstellen zu können, und zum zweiten ist ein Raumschiffsimulator dicht am Projektor installiert. Steuerkommandos wirken direkt auf die Geräteachsen, so daß die beabsichtigten Lageänderungen des Raumschiffes durch Veränderungen der Position des Sternhimmels gegenüber der Kosmonautenkabine simuliert werden.

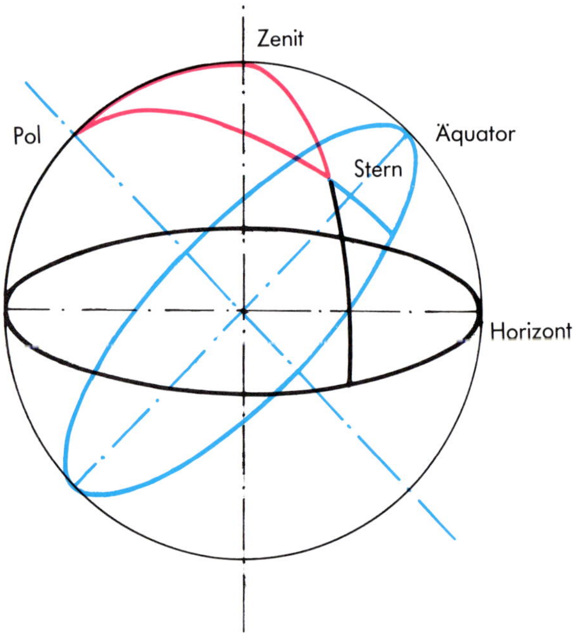

Bild 4.23
Das Nautische Dreieck bildet die Grundlage für die Ortsbestimmung nach Gestirnen.

⊙ Die Tatsache, daß die Zeitdauer eines Jahres mit denen eines Monates und Tages nicht ganzzahlig teilbar ist, hat zu den vielfältigsten Schaltregeln geführt. Der Erzählung nach kam man ohne alle diese mehr oder weniger komplizierten Systeme auf der sagenumwobenen Insel Thule im hohen Norden aus. Jenseits des Polarkreises sind Ereignisse wie die zwar tiefstehende, aber nicht untergehende Sonne oder die Polarnacht einschneidende, für das alltägliche Leben bestimmende Erlebnisse. Verständlich ist das sehnsüchtige Erwarten der Sonne nach der langen Zeit der Dunkelheit. Einleuchtend ist deshalb der Brauch, daß nach einem Rundjahr von 360 Tagen die Resttage hindurch bis zum Wiedererscheinen der Sonne gefeiert wurden. Auf diese Weise regelte sich der Kalender ganz von selbst. Die Zeit des Feierns betrug eben im allgemeinen fünf und hin und wieder sechs Tage.

Das ist nur ein Beispiel für die Demonstration von Himmelserscheinungen in den Polgegenden der Erde. Ihnen stehen Ereignisse in der Äquatorgegend gegenüber wie die außergewöhnlich kurze Dämmerung, die über das Jahr konstante Tageslänge oder der senkrechte Auf- und Untergang aller Gestirne.

⊙ Die Reise durch den Raum

Die Änderung der geographischen Breite bei der Darstellung der Himmelserscheinungen bedeuteten einen ersten Schritt auf der Reise durch den Raum mit Hilfe des Planetariums. Ihr folgte die Simulation des Himmelsanblickes von einem Erdsatelliten, vom Mond oder einem Planeten aus gesehen. Der Einsatz der digital gesteuerten Projektoren ermöglichte den Flug durchs Sonnensystem und die Erzeugung des Sternhimmels auf der Kathodenstrahlröhre durch den Computer schließlich die Reise durch das Milchstraßensystem.

Bild 4.24
Das Training im Planetarium gehört zur Ausbildung der Kosmonauten; auf dem Bild von links nach rechts: Jähn, Bykowski, Gorbatko, Köllner

Bild 4.25
Schleifenbahn des Mars, aufgenommen im Planetarium des Palais de la Decouverte/Paris

⊙ Das Spiel mit der Zeit

⊙ Bei unserer alltäglichen Erfahrung der Unabänderlichkeit des strengen Zeitablaufes, ist es ein Erlebnis besonderer Art, die Zeit in vielfältiger Weise manipulieren zu können. Das Planetarium bietet diese Möglichkeit für die Ereignisse am Sternhimmel. In weiten Grenzen ist das Versetzen in die Vergangenheit und Zukunft möglich. Die Zeitraffung kann bei einigen Vorgängen bis zum Dreizehnmilliardenfachen gegenüber der Natur erfolgen. Ja mehr noch, es können verschiedene Arten der Zeitraffung gleichzeitig nebeneinander erfolgen. Mit diesem Trick werden Vorgänge deutlich, die uns die Natur in dieser Anschaulichkeit nicht zu zeigen vermag.

Ein Beispiel dafür ist die am irdischen Himmel zu beobachtende Schleifenbewegung der Planeten. In der Natur muß über Wochen und Monate hinweg Nacht für Nacht die Position eines Planeten gegenüber den Fixsternen erfaßt werden, um schließlich die Schleifengestalt der Bahn erkennen zu können. Mit Hilfe der Zeitraffung ließe sich zwar dieser Naturvorgang auf Minuten verkürzen, aber der dabei äußerst rasche Ablauf einer täglichen Umdrehung des Sternhimmels in Sekunden ließe uns keine Chance mehr zur Beobachtung. Hier erlaubt das Gerät, die Zeit zwar von Monaten auf Sekunden zu komprimieren, aber zusätzlich die dabei störende, rasche tägliche Drehung des Himmels stark zu reduzieren oder auch grundsätzlich auszuschließen. In großer Anschaulichkeit zieht dann der Planet seine Schleifenbahn vor dem ruhenden Sternhimmel. Es vergehen dabei die Tage des Jahres in rascher Folge, während gleichzeitig der Ablauf der Tagesstunden angehalten wird.

⊙ Planetenparaden

⊙ Da die Werte für die Umlaufzeiten der Planeten kein gemeinsames Vielfaches haben, kommen im Laufe der Zeit alle möglichen Kombinationen in ihren Konstellationen vor. Mit einer entsprechenden Wahrscheinlichkeit gibt es darunter interessante, für uns auffällige Zusammentreffen. Eine bekannte und für die Planetariumsdemonstrationen beliebte Erscheinung ist das Begegnen von Jupiter und Saturn in der Großen Konjunktion im Jahr 7 v. Chr. Es spricht sehr viel dafür, daß dem Bericht über den „Stern von Bethlehem" dieses astronomische Ereignis zugrunde liegt. Nach damaliger Ansicht war es ein Zusammentreffen zwischen dem Königsstern Jupiter und dem Stern der Juden bei der dem Gebiet um Jerusalem zugeordneten Sterngegend. Weltweit steht deshalb in vielen Planetarien diese Demonstration zur Weihnachtszeit auf dem Programm.

Nicht selten haben Anhäufungen von mehreren Planeten auf engem Raum am Sternhimmel für Aufregung gesorgt. Für den Februar 1524 hatte der in Tübingen wirkende Johann Stöffler eine Sintflut prophezeit, weil ihm bei seinen astronomischen Studien ein für diese Zeit bevorstehendes Zusammentreffen von Venus, Mars, Jupiter und Saturn aufgefallen war. Die Auswirkungen waren beachtlich. An verschiedenen Orten Europas war man mit dem Bau von Booten beschäftigt, Felder blieben unbestellt, Besitztümer wurden veräußert. Aber gerade dieser Februar zeigte sich äußerst mild und trocken.

Von Kaiser Konstantin wird berichtet, daß er vor der geschichtlich bedeutsamen Schlacht an der Mulvischen Brücke im Jahre 312 durch ein Zeichen am Himmel zum Kampf ermuntert und nach dem Sieg zur Anerkennung des Christentums bewogen worden sei. Unter den Deutungsversuchen zur Art dieses Zeichens gibt es auch eine astronomische Erklärung. Das Jahr 312 ist, wie auch das Jahr 7 v. Chr., eines der sehr wenigen mit einer großen Konjunktion von Jupiter und Saturn. In diesem Jahr gesellte sich sogar noch Mars dazu. Zusammen mit hellen Fixsternen aus den Bildern Steinbock und Adler ergaben die drei Planeten eine Konstellation, in der man durchaus die Gestalt des Christusmonogrammes erkennen konnte.

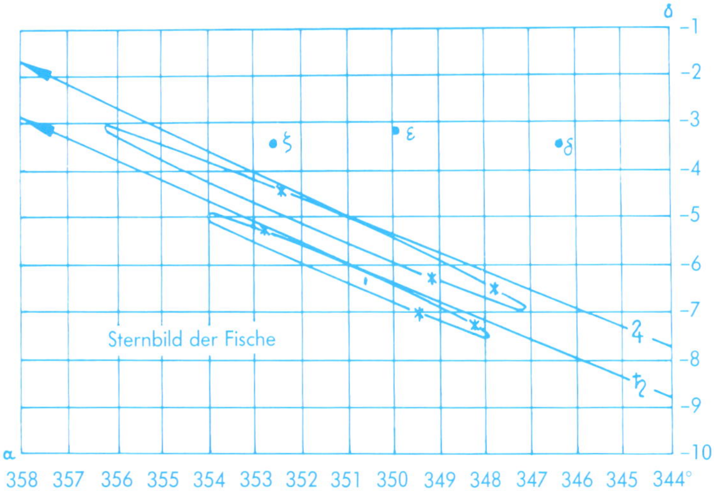

Bild 4.26
Die Große Konjunktion von Jupiter und Saturn im Jahre 7 v. Chr. liegt offensichtlich den Berichten über den Stern von Bethlehem zugrunde.

Wenn auch heute Gestirnspositionen aus geschichtlicher Zeit sehr effektiv mit Computern ermittelt werden können, so bleibt doch dem Analogrechner „Planetarium" die größere Anschaulichkeit bei der Erklärung derartiger Himmelserscheinungen.

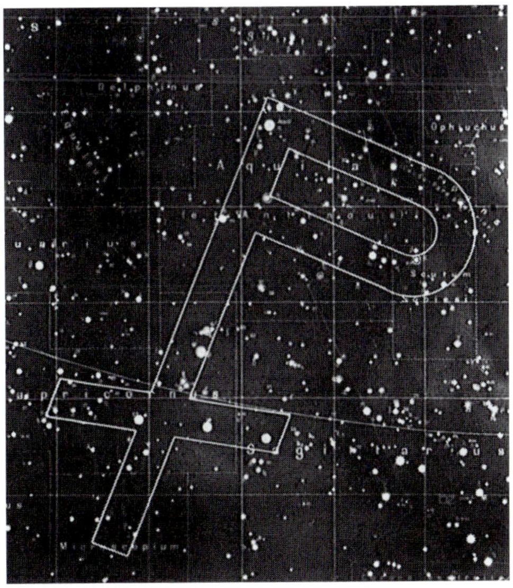

Bild 4.27
Vermutliche Deutung der Konjunktion von Mars, Jupiter und Saturn in Verbindung mit hellen Fixsternen im Oktober 312 durch Kaiser Konstantin

Bild 4.28 Neun Göttersymbole an der Tür zum Planetarium in New Delhi

⊙ Tierkreisbilder und Mondstationen

Bild 4.29
Teil des Tierkreises in den Felsbildern von Bohuslän/Schweden, von rechts nach links: Zwillinge, Katze (statt Löwe), Jungfrau, Schiff (statt Skorpion); wenn das Zeichen der Sonnenwende dem Bild der Jungfrau zugeordnet sein sollte, dann wäre diese Zeichnung ein Hinweis auf eine Zeit um 5000 v. Chr.; Darstellung nach J. Riem

⊙ Die aufmerksame Beobachtung der Bewegungen von Sonne und Mond am Sternhimmel seit frühesten Zeiten spiegelt sich in mannigfacher Weise im Kulturgut vieler Völker wider.

In Indien erzählt man sich eine Geschichte über den Ursprung der Mondphasen, die darauf beruht, daß der Mond in rund 27 Tagen einen Umlauf am Sternhimmel vollendet und damit, nach der Auffassung der Inder, jeden Tag bei einer anderen von 27 Stationen steht. Die 27 Häuser, die Nakshatras, sind die 27 Frauen des Mondes. Als der Mond bei seiner Wanderung einmal sehr nahe zu Rohini, dem hellen Stern Aldebaran im Stier, kam, beklagten sich die anderen Frauen beim Vater Projapata. Dieser sprach einen Fluch aus, der das Schwinden des Mondglanzes zur Folge hatte. Der Mond bat daraufhin Shiva, den Herrn des Universums, um die Rückgabe seines Glanzes. Shiva konnte den Fluch nicht aufheben, nur mildern: einem 14tägigen Schwinden des Glanzes folgen 14 Tage der Erneuerung. Eine analoge Einteilung des Mondweges kennen auch die Chinesen und die Araber.

Mehr vertraut ist uns die Aufteilung des Sonnenweges in die zwölf Tierkreisbilder Fische, Widder, Stier, Zwillinge, Krebs, Löwe, Jungfrau, Waage, Skorpion, Schütze, Steinbock, Wassermann, die in ähnlicher Art bei fast allen Kulturvölkern des Altertums zu finden ist. Die Babylonier verwendeten dabei statt des Steinbockes die Fabelgestalt des Ziegenfisches. Auf nordischen Felszeichnungen nimmt die Katze die Stelle des Löwen und ein Schiff die des dort unbekannten Skorpions ein. Durchweg Tiergestalten verwenden die Chinesen: Ratte, Büffel, Tiger, Hase, Drache, Schlange, Pferd, Ziege, Affe, Hahn, Hund, Eber.

Eine besondere Aufmerksamkeit galt dabei von jeher dem Ort am Sternhimmel, an dem sich die Sonne zu Frühlingsanfang aufhält. Dieser steht aber nicht fest. Aufgrund der Präzessionsbewegung wandert er in reichlich 2000 Jahren um ein Tierkreisbild weiter. Von 2100 v. Chr. bis 100 n. Chr. stand er im Widder. Aus dieser Zeit sind bei verschiedenen Völkern Sagen und Kulte um den Widder bekannt. Die Ägypter verwendeten den Widderkopf als Göttersymbol.

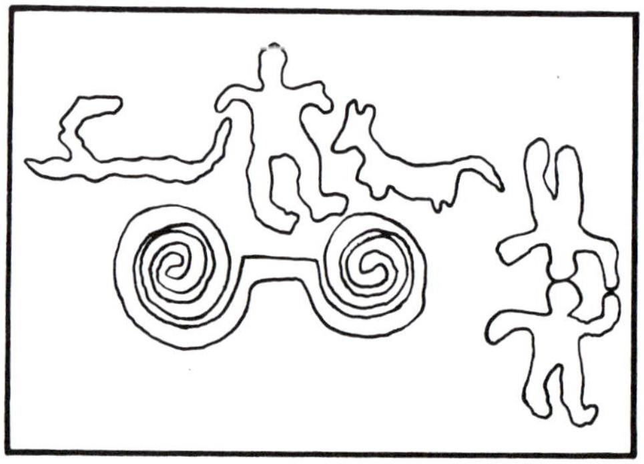

Widderbilder fand man in ägyptischen Königsgräbern aus der Zeit um 1500 v. Chr. Die Griechen erzählten die Geschichten vom Goldenen Vlies, einem Widderfell, und vom Goldenen Lamm des Atreus. Von den Juden kennen wir den Brauch, das Osterlamm zu essen.

Entsprechende Hinweise gibt es auf Kulte zum Stier, zu den Zwillingen, zu den Fischen jeweils aus den Zeiten, als sich die Sonne zu Frühlingsanfang gerade in diesen Bildern aufhielt. Die Demonstration von Sonnen- und Mondlauf, auch für die vergangenen Jahrtausende, läßt uns astronomische Hintergründe für solches Kulturgut verständlich werden.

◐ „Der von dem Himmel fiel" – Rezitation und Meditation unter dem Sternhimmel

◐ Eine Veranstaltung unter diesem Titel beginnt in gewohnter Weise mit der Dämmerung und dem Erscheinen des Sternhimmels einer traditionellen Planetariumsvorführung. Der Unterschied besteht aber jetzt darin, daß ein Schauspieler zu den Ereignissen am Sternhimmel rezitiert. „Der von dem Himmel fiel" bringt die Geschichte des Kleinen Prinzen von Saint-Exupéry. „Begleiten Sie den Kleinen Prinzen auf seinem Flug durch das All und der Suche nach Freunden" – heißt es in der Programmankündigung dazu. Es folgen Gedichte, z. B. von Matthias Claudius „Ein Brief an den Mond", Gottfried Kellers „Unter Sternen", Joseph von Eichendorffs „Mondnacht", Goethes „An den Mond" u. a. mehr. Die emotionale Wirkung wird noch durch Musik- und Multivisionseffekte erhöht.

Daneben sind heute Veranstaltungen, bei denen die Musik dominiert, keine Seltenheit mehr. Das Repertoir reicht von Live-Klassikkonzerten bis zum computergesteuerten Sound. „Konzert unterm Sternhimmel", „Sternhimmel und Weihnachtsoratorium", „Das kosmische Konzert" sind bekannte Ankündigungen von Planetariumsveranstaltungen.

An anderen Orten lädt das Planetarium zur Meditation ein: „Suchen Sie Besinnung in einer gehetzten Zeit, geborgen im Rund. Lehnen Sie sich zurück, versinken Sie, entspannen Sie und öffnen Sie Ihre Sinne."

Beliebt sind Ausstellungen und Vorträge mit künstlerisch gestaltetem astronomischem Inhalt. Beispiele dafür sind: „Kosmische Malereien", „Moderne Plastiken zum Tierkreis", „...Und dabei doch die Sterne fühlen. – Gestirne in der Kunst Vincent van Goghs".

⊙ Sagen- und Märchengestalten am Sternhimmel

⊙ „Die schönsten Sternsagen der Griechen" ist ein beliebtes Thema für Vorführungen im Planetarium. Der Sternhimmel kann aber auch für Kinder zum aufgeschlagenen Buch voller Märchen und Geschichten werden. Zahlreich sind die Erzählungen um die auffällige und beeindruckende Gruppe des Siebengestirns. Zweimal in 18 Jahren gibt es eine Zeit, in der der Mond dieses prächtige Siebengestirn verdeckt. In Analogie zum Märchen vom Wolf und den sieben Geißlein schleicht sich der Mond an die sieben Sterne heran und läßt einen nach dem anderen verschwinden. Aber es gelingt ihm nicht, alle sieben auf einmal zu verdecken. Wenigstens bleibt da ein kleiner Stern sichtbar, der uns verrät, wo sich die anderen befinden. Beim Weiterziehen des Mondes werden der Reihe nach alle diese Sterne wieder sichtbar.

Spielend begreifen ebenso Kinder den Wechsel der Mondphasen in der Geschichte vom Mond beim Schneider: Der Mond läßt sich eine Jacke anmessen. Die Anprobe muß aber ständig wiederholt werden, weil der Mond jeden Tag zugenommen hat. Der Schneider gibt schließlich beim Anblick des Vollmondes verzweifelt auf.

Bild 4.30
Das Märchen vom Wolf und den sieben Geißlein hat ein Analogon in der Bedeckung des Siebengestirns durch den Mond.
Grafik: E. Decker

Bild 4.31
Vielfältig sind die Erzählungen um die beeindrukkende Sterngruppe des Siebengestirns.
Grafik: E. Decker

Laserlichtspiele

Der Laser fand sehr schnell nach seiner Erfindung Anwendung im Planetarium. Ein besonderer Reiz liegt neben dem vielseitigen Farbenspiel in dem imposanten Effekt, daß diese Figuren zwischen dem festen, als Hintergrund dienenden Sternhimmel an der Kuppel und dem Betrachter zu schweben scheinen. Es wird zwar immer wieder versucht, den Laser auch zur Darstellung astronomischer bzw. astrophysikalischer Vorgänge zu benutzen. Ein beliebtes Beispiel ist der Versuch der Simulation eines Urknalls und des expandierenden Weltalls in seiner frühen Zeit. Im wesentlichen bleibt aber die Anwendung auf Showeffekte beschränkt.

Beliebt sind einzelne farbige Lichtblitze zu schlagartigen Geräuschen, ein Netz von farbigen Linien, die über ein System von Spiegeln die Kuppel durchziehen und in dem mit künstlich erzeugtem Nebel erfüllten Raum sichtbar gemacht werden, tanzende, sich in einer Art Liebesspiel verformende geometrische Figuren in verschiedenen Farben, Schriftzüge, der Vorbeiflug des Space-Shuttles oder ein in der Schwerelosigkeit schwebender Astronaut. Alle diese Darstellungen leben natürlich von der Untermalung mit Musik und der Kombination mit anderen Planetariumseffekten.

Technisch gründen sich die Effekte auf zwei unterschiedliche Verfahren: In dem einen Falle macht man sich die gute Interferenzfähigkeit des Laserlichtes aufgrund seiner großen Kohärenzlänge zunutze. Werden Gegenstände wie Glasscherben, feine Drahtnetzgitter, Glasstäbe oder ähnliches in den Strahlengang gebracht, dann entstehen die verschiedenartigsten, die Kuppel ausfüllenden Muster und flächenhaften Kohärenzfiguren, die wie märchenhafte Schleier durch den Raum ziehen. Der Möglichkeit des Experimentierens ist hier keine Grenze gesetzt.

Im anderen Falle macht man Gebrauch von der sehr engen Bündelung des Lichtstrahles. Ohne optische Abbildung und ohne die Notwendigkeit einer Fokussierung bei verschiedenen Entfernungen läßt sich der Laserstrahl über einen Scanner – einem System aus zwei winzigen, um unterschiedliche Achsen drehbare Spiegelchen – in jede beliebige Richtung ablenken. Da diese Ablenkung außerordentlich schnell erfolgen und über einen Rechner gesteuert werden kann, lassen sich auf dies Weise Schriftzüge und Figuren an der Kuppel erzeugen. Im allgemeinen werden die verschiedenen Farben vorher noch über ein Prisma getrennt und einzeln gesteuert.

Bild 4.32 Ankündigung eines Jazz-Live-Konzertes im Heyden-Planetarium in New York

Bild 4.33 Ankündigung zum „Frühlingskonzert unter dem Sternhimmel" im Planetarium Hamburg; Grafik: Übelacker

Bild 4.34
Laserfiguren sind ein beliebtes Objekt zur Ausgestaltung von Show-Darbietungen in Planetarien.
Aufnahme: R. Munschke

⊙ Die Reise ins menschliche Herz

⊙ Eine Entdeckung der letzten Zeit besteht darin, daß die halbkugelförmige Planetariumskuppel mit allen ihren technischen Ausrüstungen zu sehr viel mehr als zur Nachbildung des Sternhimmels verwendbar ist. Die Nutzungen reichen entsprechend von Ganzhimmelfilmdarbietungen über Bewegungseffekte von Ton, Licht und Farbe, über Computergrafik am halbkugelförmigen Bildschirm bis hin zur Ausrichtung von Kongressen und Werbeveranstaltungen.

Ein typisches Beispiel für die außerhalb der eigentlichen astronomischen Vorführung liegenden Anwendungen sind die meisten der bereits erwähnten Omnimax-Filmvorführungen. Neben beeindruckenden Naturaufnahmen gibt es viele auf Effekte ausgerichtete Darbietungen. Wenn beim Filmen die Kamera außen an einem Helikopter angebracht war, dann „fliegt" der Zuschauer in der anschließenden Vorführung ohne schützende Beplankung „frei" durch die Landschaft, was bei der plötzlichen Überquerung etwa des Grand Canyon oder beim dichten Vorbeiflug vor einer Felswand zu entsprechend lautstarken Reaktionen des Publikums führt. Dasselbe kann bei Unterwasseraufnahmen geschehen, wenn beispielsweise die Kamera unter die Fangarme eines Kraken gelangt.

Die neueste Entwicklung bietet dreidimensionale Gesamtkuppel-Filmvorführungen. Ein Beispiel dazu sind Aufnahmen, die mit Hilfe einer Sonde im menschlichen Körper gemacht worden sind und eine Reise ins Innere des Herzens zeigen.

Zur Statistik der Planetarien

⊙ Statistische Betrachtungen müssen sinnvollerweise auf die Projektionsplanetarien beschränkt bleiben. Angaben zu den historischen Modellen sind zu umfangreich und zu unvollständig. Auch bei den Projektionsplanetarien sind noch folgende Abgrenzungen sowohl nach der Kuppelgröße als auch nach der Zeit notwendig: So sollen an dieser Stelle nur Planetarien mit Kuppeln von 4 m Durchmesser an aufwärts erfaßt werden. Davon gibt es im Jahre 1990 auf der Welt rund 2000 (Eine Statistik, die bei den kleinsten Kuppeln noch etwas lückenhaft ist, zählt 1995 Geräte).

Die Epoche von 1923 bis 1945 ist auch gesondert zu betrachten. Denn von den rund 2000 Geräten entfallen auf diese Zeit nur 49, nämlich 27 Großplanetarien (für Deutschland 12, übriges Europa 8, USA 5, Japan 2), drei Eigenbaugeräte und die ersten 19 optischen Kleinplanetarien, die (für militärische Zwecke während des Krieges gebaut wurden.

Zeitliche Entwicklung von Geräte-Inbetriebnahmen

40er Jahre: nur wenige Geräte in der 2. Hälfte des Jahrzehnts,
50er Jahre: stetige Zunahme von Planetariumseröffnungen bis auf 20 pro Jahr am Ende des Jahrzehnts,
60er Jahre: exponentielles Anwachsen bis auf das absolute Maximum von rund 110 Installationen im Jahr 1969,
70er Jahre: deutliches Nachlassen des Zuwachses,
80er Jahre: Einpegeln bei etwa 40 Geräteinbetriebnahmen pro Jahr.

Eine Geräteinstallation ist allerdings nicht immer gleichbedeutend mit der Neugründung einer Institution, da in letzter Zeit in zunehmendem Maße alte Geräte durch neue ersetzt werden. Der genannte zeitliche Verlauf ist auch wesentlich durch die sehr einfachen, preisgünstigen Lochprojektionsgeräte geprägt. Beschränkt man die Betrachtungen auf die optischen Projektionsplanetarien, dann verringert sich beispielsweise das absolute Maximum im Jahre 1969 von über 100 auf nur noch reichlich 50 neue Geräte pro Jahr.

⊙ Inbetriebnahme von Planetarien in Abhängigkeit von Zeit, Kuppelgröße und Ländern

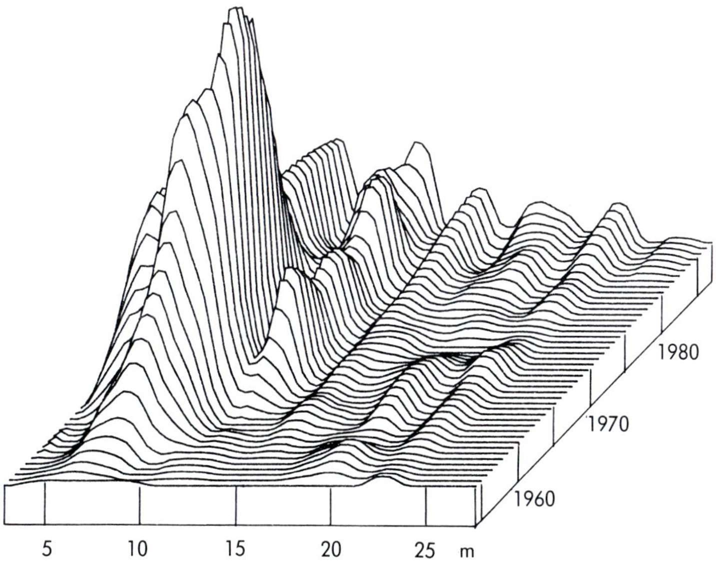

Bild 4.35
Anzahl der Planetariumsinbetriebnahmen, dargestellt über Zeit und Kuppelgröße

Derartige zeitliche Statistiken spiegeln meist besondere Ereignisse mit einer gewissen Zeitverzögerung wider. So beruht wohl zweifellos der rapide Anstieg bei Planetariumsgründungen in den 60er Jahren auf dem breiten Interesse der Bevölkerung für die Raumfahrt.

Die Verteilung der Planetarien nach der Kuppelgröße

Im Bild 4.35 ist die Anzahl der Geräteneuanschaffungen in Abhängigkeit von der Zeit und vom Kuppeldurchmesser aufgetragen. Daran werden die Unterschiede im zeitlichen Verhalten von Planetariumsgründungen für die verschiedenen Gerätegrößen deutlich. Das Maximum von 1969 wird praktisch ausschließlich von Geräten in kleinen Kuppeln gebildet. Planetarien für Kuppeln von 9,1 m (30 Fuß) bestreiten allein knapp 20 %, also rund 1/5 aller Geräte, und die Planetarien von 6 m bis 9,5 m machen bereits 58 % der Gesamtheit aus.

Insgesamt zeigt sich bei der Inbetriebnahme von Planetarien eine fast durchgängige, allmähliche Steigerung für alle Kuppelgrößen. Diese ist aber überlagert von einem Boom bei kleinen Geräten, der im wesentlichen von einfachen Lochprojektionsgeräten in den USA in der Zeit zwischen 1960 und 1980 mit dem Maximum bei 1969 hervorgerufen wird.

Das größte Planetarium war für einige Jahre bis zu seiner Schließung das Düsseldorfer mit 29,8 m Kuppeldurchmesser, danach für einige Jahrzehnte mit 25 m das Moskauer; es wurde übertroffen u. a. von Miyazaki in Japan mit 27 m. Unübertroffen ist die Verwandlung der Globe Arena in Stockholm mit 100 m Durchmesser in ein Planetarium bei der Demonstration des Faserprojektors.

Länderbezogene Betrachtungen

Rund die Hälfte aller Projektionsplanetarien befinden sich in den USA (1042). Aber 85 % davon sind Lochprojektionsgeräte, d. h., die überwiegende Anzahl der Planeta-

Anzahl der Planetarien und Anzahl der Sitzplätze in Abhängigkeit vom Kuppeldurchmesser Die Werte für 10 m beispielsweise beziehen sich auf den Bereich von 9,5 m bis 10,5 m.

Kuppeldurchmesser in m	Anzahl der Planetarien in %	Mittelwert für Sitzplatzanzahl
4	6,5	25,5
5	5,3	35,2
6	13,2	39,6
7	13,3	51,0
8	11,7	61,0
9	18,9	68,0
10	6,3	85,0
11	0,6	86,7
12	7,0	109,7
13	1,9	129,6
14	0,6	181,7
15	3,5	200,0
16	0,8	233,9
17	0,1	172,5
18	2,1	242,5
19	0,2	300,0
20	3,0	314,4
21	0,7	337,4
22	0,1	360,0
23	3,0	465,5
24	0,0	
25	0,7	501,4
>25	0,5	ca. 500,0

Für die Gesamtanzahl der Sitzplätze ergibt sich daraus der Wert
→ 199 000

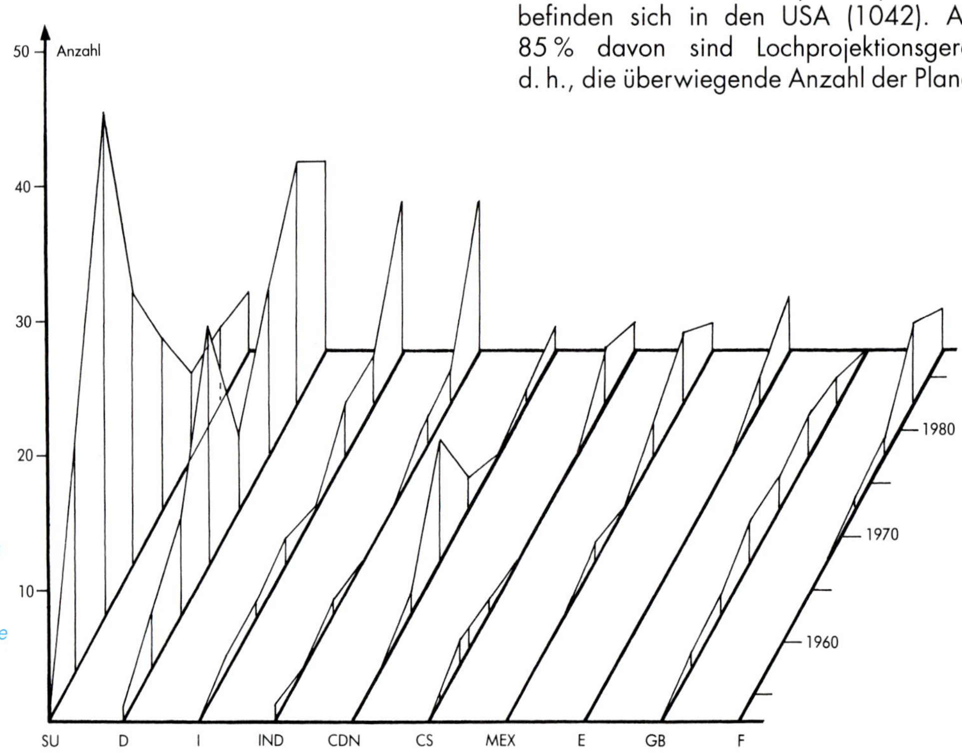

Bild 4.36
Anzahl der Geräte-Inbetriebnahmen in Abhängigkeit von Land und Zeit (ohne USA und Japan) in Zeitabschnitten von fünf Jahren; z. B. ist bei 72,5 die Anzahl der in der Zeit von 1970 (einschl.) bis 1975 installierten Geräte aufgetragen.

rien in den USA besteht aus sehr einfachen Kleingeräten. An zweiter Stelle steht in der Gesamtanzahl mit 286 Geräteanschaffungen Japan, gefolgt von Deutschland und der Sowjetunion.

Aus den grafischen Darstellungen (Bild 4.36 bis 4.38) ist eine Zunahme von Planetariumsinbetriebnahmen zur Gegenwart hin für einige europäische Länder und für Indien zu erkennen. Japan fällt durch seinen Anstieg bei Großgeräten auf. Die Kurve für die USA zeigt den bereits erwähnten Boom an Kleingeräten um 1969.

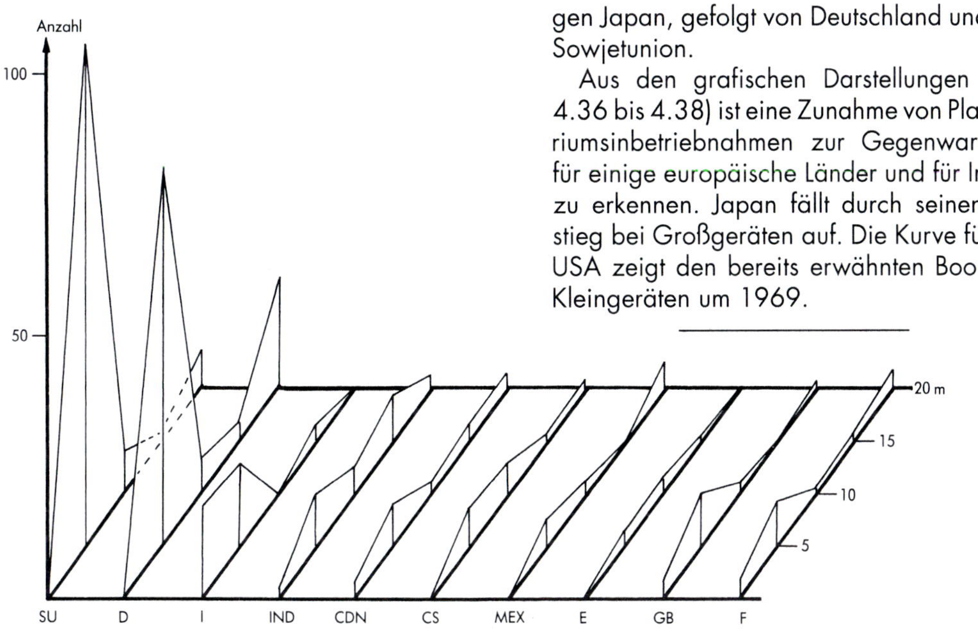

Bild 4.37
Anzahl der Geräte-Inbetriebnahmen in Abhängigkeit von Land und Kuppelgröße (ohne USA und Japan); bei 7,5 ist z. B. die Anzahl der in Kuppeln von 5 m (einschließlich bis 10 m Durchmesser installierten Geräte aufgetragen.

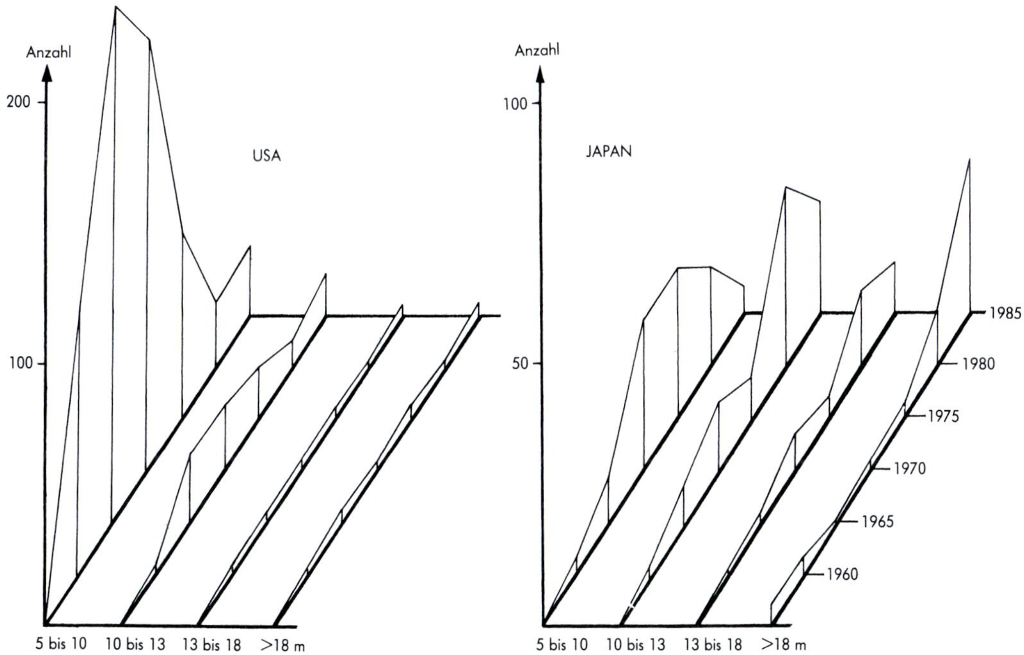

Bild 4.38
Anzahl der Geräte-Inbetriebnahmen in Zeitabschnitten von fünf Jahren (analog zu Bild 4.36) für verschiedene Bereiche von Kuppelgrößen für USA und Japan

⊙

Besucherzahlen

⊙

200 000 Sitzplätze unter künstlichen Sternhimmeln – 2 Milliarden Besucher in Planetarien weltweit

Die Besucherstatistik ist zwar weltweit betrachtet etwas lückenhaft, trotzdem lassen sich einige interessante Hochrechnungen anstellen.

Eine einigermaßen gesicherte Aussage gibt es zunächst zur möglichen Aufnahmekapazität für Besucher, d. h. zur Sitzplatzanzahl. Die Tabelle (Seite 146) enthält sowohl die prozentuale Aufteilung der Anzahl von Planetarien auf die verschiedenen Kuppelgrößen als auch die dazugehörigen Mittelwerte für die Sitzplatzanzahl.

Die Hochrechnung liefert für alle Planetarien auf der Welt mit Kuppeln ab 4 m eine Sitzplatzanzahl von insgesamt 200 000.

Extreme Werte für die Anzahl von Plätzen finden wir in den Anfangszeiten mit knapp 1000 in Düsseldorf und heute mit 678 in Calcutta, mit 600 in Peking, mit 570 in Colombo und mit 500 in Moskau und Djakarta. Die Kapazität der geneigten Kuppeln liegt nur bei etwa 75 % von der einer ebenen klassischen Kuppel.

Die Anzahl aller Besucher liegt in der Gegenwart bei rund 60 Millionen pro Jahr. Insgesamt haben mehr als 2 Milliarden Menschen eine Vorführung in einem Planetarium besucht.

Zeittafel
Höhepunkte im Bau von Himmelsmaschinen

Frühe historische Geräte

um 550 v. Chr.	erster historisch erwähnter Sternglobus (Holzkugel, Anaximander)
um 300 v. Chr.	frühester bekannter Einsatz einfacher Armillarsphären (Sternkatalog von Aristyll und Timocharis)
212 v. Chr.	Das älteste bekannte Planetarium, gebaut von Archimedes in Syrakus, gelangt als Kriegsbeute nach Rom.
87 v. Chr.	Bau der Antikythera-Maschine
um 150	bedeutende ekliptikale Armillarsphäre im Almagest von Ptolemäus beschrieben
um 150	Beschreibung eines um drei Achsen drehbaren Himmelsglobus durch Ptolemäus
530	früheste bekannte Beschreibung des ebenen Astrolabiums durch Johannes Philoponus (wahrscheinlich die Herausgabe eines früheren Textes von Theon aus Alexandria)
etwa ab 700	Das ebene Astrolab wird gebräuchlich in der islamischen Welt, insbesondere zur Bestimmung der Gebetszeiten. Weiterentwicklung des Gerätes, Beschreibung seiner Konstruktion und Benutzung.
um 1000	früheste bekannte ebene Astrolabien mit Getrieben, z. B. von Al-Biruni
1025	ältestes bekanntes, noch sehr einfaches Äquatorium von Ibn al Samh zur Darstellung von Planetenpositionen
1092 bis 1126	Die 15 t schwere chinesische wasserbetriebene Armillarsphäre von Su Sung ist in Betrieb.
1232	Beschreibung des sogenannten „Tentoriums" (Echtzeitäquatorium) zur Darstellung der Bewegungen von Sonne, Mond und Planeten
um 1250	Beginn der Fertigung von Astrolabien in Europa
1276	Beschreibung eines entsprechend dem Ablauf in der Natur geregelten Astrolabs des Isaac ibn Sid (tropfendes Quecksilber)

Astronomische Uhren

1354	erste Ausführung der berühmten astronomischen Schauuhr in der Kathedrale zu Strasbourg

1348 bis 1364	Bau des Astrariums von Giovanni de'Dondi in Padua, sehr umfangreiche und ausführliche Planetenuhr (Epizyklenmechanismen) und Kalendermaschine; erste bekannte Verwendung elliptischer Räder zur Erfassung ungleichförmiger Bewegungen
um 1500	Große astronomische Schauuhren finden weite Verbreitung.
um 1567	Planetenlaufuhr von Baldewein mit Himmelsglobus, Verwendung von Epizyklenmechanismen, ausführliche Kalender- und Festtagsanzeigen
um 1590	Globusuhr von Bürgi
um 1600	Die Fertigung astronomischer Uhren in vielfältigster Ausführung erreicht einen Höhepunkt; Zentren sind Augsburg, Nürnberg, Kassel.

Kopernikanische Modelle

1540	eines der frühesten Kopernikanischen Modelle von Johann Wagner (geozentrische Armille, Erde durch Sonne ersetzt, ergänzt durch beweglichen Erdarm)
um 1600	erste Tellurien von Adrian Anthoniszoon und Willem Blaeu/ Holland
um 1650	künstlerisch hochwertige Tellurien, z. B. 1651 Siebenhaar von Schleswig, 1653 Andreas Busch, Limburg
1677	Planetarium von Ole Rømer
1677	Jovilabium und Saturnarium von Ole Rømer
1682	Planetarium von Christian Huygens; Bestimmung der Getriebeparameter durch Kettenbruchentwicklung
um 1700	Leidener Sphäre
um 1700	Beginn des Baus von Orreries in England (Graham, Rowley, Ferguson) und in den Niederlanden (Steven Tracy, Pieter Isenbroek)
1743	erstes amerikanisches Planetariumsmodell von Thomas Clap
ab 1771	bedeutende Modelle vom „Vater der Astronomie in Amerika" David Rittenhouse
1772 bis 1791	Bau der Weltmaschine von Philipp Matthäus Hahn, Vollendung durch seinen Bruder David Hahn
1774 bis 1781	Eise Eisinga, Gestaltung des Wohnzimmers als Planetarium

Große begehbare Globen

1644 bis 1664	Bau des Gottorper Globus; erster begehbarer Himmelsglobus
1661	Globus von Weigel auf dem Dach des Schlosses in Jena; erstmals Sterne in Form von Löchern, Beleuchtung von außen, Beobachtung von innen

1758	wasserbetriebener Globus von Roger Long in Cambridge
5. 6. 1913	Inbetriebnahme des Atwoodschen Globus in Chicago/USA

Projektionsplanetarien

1820	Darstellung der Planetenbewegung um die Sonne durch Diaprojektion von Carpenter in Cambridge
1913	Darstellung der Planetenbewegung durch Schattenprojektion im Orbitoskop von Hindermann
Febr. 1914	erster Vorschlag von Walther Bauersfeld zur optischen Projektion von Sonne, Mond und Planeten und von Rudolf Straubel zur optischen Projektion der Fixsterne
24. 3. 1919	Darlegung des Konzeptes für das erste Projektionsplanetarium durch Bauersfeld
9. 10. 1919	Wilhelm Finke wird das Patent für seine Astroprojektionseinrichtung erteilt.
30. 9. 1921	Provisorische Demonstration von 3 Sternfeldern in der gerade fertiggestellten 9,8-m-Gipskuppel in München
Sept. 1922	Prof. Bauersfeld führt in Jena erstmals vor Mitarbeitern des Deutschen Museums den noch nicht ganz fertigen Projektionsapparat vor
Frühjahr 1923	Fertigstellung der 16-m-Kuppel auf dem Dach der Zeiss-Werke in Jena, anschließend Aufstellung des Gerätes
Sommer 1923	Probedemonstrationen in der Kuppel in Jena
Okt. bis Dez. 1923	provisorische Aufstellung des Projektors in der Kuppel des Deutschen Museums in München
21. 10. 1923	Demonstration des Gerätes während der Vorstandssitzung im Deutschen Museum
1. Halbjahr 1924	Komplettierung (Oberflächenbehandlung) des Gerätes in Jena
August 1924 bis Anfang März 1925	öffentliche Vorführungen auf dem Dach der Zeiss-Werke
Oktober 1924	Fertigstellung und erste Demonstration des Kopernikanischen Planetariums mit Erdwagen vor den Mitgliedern des Vorstandsrates während der Sitzung im Deutschen Museum
März 1925	Aufstellung des Zwillingsgerätes in der 16-m-Kuppel und Fortsetzung der Vorführungen bis Ende Januar 1926
7. 5. 1925	öffentliche Inbetriebnahme des ersten Projektionsplanetariums im Deutschen Museum in München
18. 5. 1926	Eröffnung des ersten Planetariums, ausgerüstet mit einem hantelförmigen Projektor, in Wuppertal (damals noch Barmen)
1935	erstes Lochprojektionsplanetarium, Konstruktion G. Kiehlmann, Bau Fa. E. Unglaube

1941 bis 1946	erste serienmäßige Fertigung von Kleinplanetarien mit optischer Projektion bei Carl Zeiss in Jena
1947	Beginn des serienmäßigen Baus kleiner, preisgünstiger Lochprojektionsplanetarien durch Armand Spitz in den USA
1948 bis 1953	Bau des Morrison-Planetariums an der Kalifornischen Akademie der Wissenschaften in San Franzisko
1967	Beginn der serienmäßigen Fertigung von Planetarien mit automatischer Steuerung (Lochband, Jena)
Ende der 60er Jahre	Benutzung des Lasers für Showdarbietungen im Planetarium
1973	erste Inbetriebnahme eines Planetariums in einer geneigten Kuppel (STS der Firma Spitz in San Diego)
1983	erste öffentliche Inbetriebnahme eines Kathodenstrahl-Planetariums (Digistar von Evans & Sutherland in Richmond/Virginia)
Mitte der 80er Jahre	astronomische Demonstrationen über Videoprojektion
Juli 1986	erste Demonstration des lichtstarken Fixsternprojektors nach dem Faserprinzip während des 60jährigen Jubiläums des Jenaer Planetariums

Literaturverzeichnis

Atwood, W. W.: The Atwood celestial sphere. Bulletin of the Chicago Academy of Sciences 4 (1913) 9–38

–: Giant celestial sphere. A forerunner of later planetariums. The Sky 2 (1938) 12–13

Auerbach, F., Hort, W. (Hrsg.): Handbuch der phys. und techn. Mechanik Bd. 2, Planetarien. Leipzig: J. A. Barth, 1928 S. 133–147.

Bauersfeld, W.: Das Projektions-Planetarium des Deutschen Museums in München. Zeitschrift für Feinmechanik und Präzision 32 (1924a) 203–208

– : Das Projektions-Planetarium des Deutschen Museums in München. Zeitschrift des Vereins Deutscher Ingenieure 68 (1924b) 793–797

– : Projektions-Planetarium und Schalenbauweise. Zeiss-Werkzeitung, Heft 28 (1957) 87–93

Beekman, G. W.: In den Fußstapfen Ole Rømers. Sterne und Weltraum 23 (1984) 68–72

– : Der Himmel auf Erden. Der lange Weg vom Riesenglobus zum Projektionsplanetarium. Sterne und Weltraum 24 (1985) 310–314

– : Erstes Europäisches Digistar-Planetarium. Sterne und Weltraum 25 (1986) 290

Böhm, J. G.: Beschreibung der altertümlichen Prager Rathaus-Uhr. Abhandlungen der k. böhm. Geschichte der Wissenschaften, Ser. 5, Bd. 14 (1866), Prag

Brandt, L.: Astronomische Meßinstrumente im Altertum und im Mittelalter. Sterne und Weltraum 23 (1984) 10–14

Broman, L.: A Spitz Type Planetarium from 1935. The Planetarian 15 (1986) 10–11

Dekker, E. (Hrsg.): The Leiden Sphere. Leiden: Museum Boerhaave, 1986

Dieckvoss, W.: Die Gottorper Weltkugel. Die Himmelswelt 55 (1948) 67–68

Eckhardt, G. H.: David Rittenhouse – his clocks. Antiques 21 (1932) 226–229, 275–278

Fox, P.: The Adler Planetarium and Astronomical Museum of Chicago. Popular Astronomy 40 (1932) 125–155, 321–351, 532–549, 613–622.

Fuchs, F.: Der Aufbau der Astronomie im Deutschen Museum. Deutsches Museum – Abhandlungen und Berichte 23 (1955) 54–66

Gillingham, H. E.: The first orreries in America. Journal of the Franklin Institute 229 (1940) 81–99

Grötzsch, H.: Betrachtungen über zwei Globusuhren des 16. und 18. Jahrhunderts. Der Globusfreund 12 (1963) 30–40

– : Kostbarkeiten aus dem Staatlichen Mathematisch-Pysikalischen Salon Dresden. Uhren und Schmuck 6 (1969) 279–280

Grötzsch, H.; Karpinski, J.: Dresden – Mathematisch-Physikalischer Salon. Leipzig: E. A. Seemann 1979

Hagar, C. F.: An elliptical Gear Mechanism for Use in Projection Orreries and Planetariums. San Francisco: California Academy of Sciences, 1960

– : The planetarium: yesterday, today, and tomorrow. Journal of the Astronomical Society of the Pacific 2 (1973) 2–9

Hahn, P. M.: Kurze Beschreibung einer kleinen beweglichen Weltmaschine. Konstanz 1770. Neudruck: Tübingen: T. Heck 1988

Hartl, G.: Der Himmel auf Erden. Kultur und Technik 4 (1987) 198–206

Hartwig, G.: Zeiss-Planetarien in aller Welt. Die Sterne 25 (1949) 125–128

Heiland, F.: Inwieweit entspricht der künstliche Sternhimmel im Zeiss-Planetarium dem natürlichen? Die Sterne 35 (1959) 213–218

– : Das Zeiss-Planetarium. Deutsche Optische Wochenschrift 66 (1949) 69–71

Hermann, A.: Nur der Name war geblieben. Die abenteuerliche Geschichte der Firma Carl Zeiss. Stuttgart: Deutsche Verlags-Anstalt 1989

Herrmann, D. B.: Zur Statistik von Planetariumsgründungen. Jenaer Rundschau 34 (1989) 92–94

Hindermann, E.: Das Orbitoskop. Basel: Eigendruck Hindermann, 1914, Nachdruck aus Schweizerische Lehrerzeitung, Jahrgang 1914

Horn W.: Der heraldische Himmelsglobus des Erhard Weigel. Der Globusfreund 8 (1959) 17–18

Keller, H.-U.: Himmelsuhrwerk Planetarium. Bild der Wissenschaft 14 (1977) 106–117

– : Hat das Planetarium eine Zukunft? Sterne und Weltraum 26 (1987) 195–198

King, H. C.: Geard to the stars. Toronto: University of Toronto Press 1978

Legin, P. (Hrsg.): Die Astronomische Uhr in Bildern (Strasbourger Uhr). Colmar: Ingersheim, S.A.E.P., 1986

Letsch, H.: Das Zeiss-Planetarium. Jena: G. Fischer 1955

– : Captured Stars. Jena: G. Fischer 1959

Lloyd, H. A.: Giovanni de Dondi's horological masterpiece of 1364. London: Eigendruck 1954. Nachdruck: La Suisse Horlogere 2 (1955) 49–71

– : Dondi's astronomical clock. Antique Collector 32 (1961) 158–162

Lübke, A.: Astronomische Monumentaluhren. Die Himmelswelt 49 (1939) 126–133, 180–187

Lunetta, D. M.: Let's Not Jilt The Tild. The Planetarian 2 (1973) 26–30

Mackensen von, L.: Die erste Sternwarte Europas mit ihren Instrumenten und Uhren. München: G. D. W. Callwey 1988

– : Die naturwissenschaftlich-technische Sammlung in Kassel. Kassel: G. Wenderoth 1991

Meier, L.: Vom Raumflugplanetarium zum Kosmonautenplanetarium. Jenaer Rundschau 24 (1979) 9–12

– : Planetenmechanismen – Die Realisierung der geozentrischen Planetenbewegung im Planetarium. Jenaer Rundschau 24 (1979) 13–17

– : Das Planetarium in Jena, eine Bilddokumentation anläßlich seines 60jährigen Jubiläums. Sterne und Weltraum 26 (1987) 678–682

Meyer, F.: Das mechanische Planetarium des Deutschen Museums. Zeitschrift des Vereins Deutscher Ingenieure 69 (1925) 1425–1429

– : Mechanisches Planetarium des Deutschen Museums in München. Zeitschrift für Feinmechanik 34 (1926) 68–73

– : Mechanisches Planetarium des Deutschen Museums in München. Deutsche Optische Wochenschrift 12 (1926) 39–45

Michel, E.: Planetariumbau und Raumakustik. Deutsche Bauzeitung 65 (1931), Beilage: Konstruktion 69–72

Mortensen, H.: Der Gottorper Globus auf Schloß Frederiksborg. Der Globusfreund 4 (1955) 16

Mucke, H.: Planetarium als astronomische Analogrechenanlage. Untersuchungen am Wiener Planetarium. Annalen der Universitäts-Sternwarte Wien 27 (1967) 1–61

Price, D. J. de Solla: An international checklist of astrolabes. Archives Internationales d' Histoire des Sciences 8 (1955) 243–263, 363–381

– : An Ancient Greek computer. Scientific American 200 (1959) 60–67

– : Gears from the Greeks. The Antikythera mechanism – a calendar computer from ca. 80 B. C. Transactions of the American Philosophical Society, new ser. 64 (1974) 5–70

Raudenbusch, H.: Sonnensystemprojektor und Siriusparallaxen- und -aberrationsprojektor, zwei neue Zusatzgeräte zum Zeiss-Planetarium. Die Naturwissenschaften 27 (1939) 383–386

Raimond, J.: Het Zeiss-Planetarium Haag'sche Courant. De Ingenieur 49 (1934) 276–283

– : Het electrische Planetarium (Den Haag). Amsterdam: Uitgeversmaatschappy Diligentia 1943

Rosenauer, A.: Die Astronomische Uhr am Rathause zu Prag. Prag: 1866

Sauer, F.; Sauer, E.: Celestial navigation by birds. Scientific American 199 (1958) 42–47

Stein, W. (Hrsg.): Von Bremer Astronomen und Sternfreunden, Vogelzuguntersuchungen im Planetarium, 141–148. Bremen: Verlag Arthur Geist 1958

Schlee, E.: Der Gottorper Globus. Wissenschaftliche Zeitschrift für Globographie und Instrumentenkunde (Wien) (1978)

Schomerus, F.: Geschichte des Jenaer Zeisswerkes 1846 bis 1946. Stuttgart:, 1952. Das Planetarium 140–147

Schukowski, M.: Vergleichende Betrachtungen der astronomischen Uhren in Rostock und Danzig. Die Sterne (1984) 33–38

Schulte, C.: Lexikon der Uhrmacherkunst. Bautzen: 1902

Schwilguè, C.: A brief description of the astronomical clock of the cathedral of Strasbourg. Horological Journal 3 (1861) 111–113, 124–127, 137–139, 144–148

Sommer, R.: Siegeszug der Planetarien. Das Weltall 39 (1939) 239

Space Theater Consortium (Hrsg.): The 1990 Space Theater Consortium Membership Directory. The Big Frame 6 (1989) 17–29

Spitz, A.: Planetarium: An Analysis of opportunities and obligations. Griffith Observer (Los Angeles) 23 (1959) 78–87

Terpstra, H.: Eise Eisinga's Planetarium in Franeker. Franeker: Telenga Drukkerij B. V.

Thomas, O.: Hindermanns Orbitoskop. Die Himmelswelt 46 (1936) 121

Treiß, M.: Die astronomische Uhr zu Straßburg. Sterne und Weltraum 24 (1985) 222–224

Ungerer, A.: Die astronomische Uhr im Strassburger Münster. Strasbourg: 1911

Villiger, W.: Der Aufbau des Zeiss-Planetariums. Nachrichten-Zeitung des Vereins Deutscher Ingenieure 7 (1927) Nr. 32

– : Das Zeiss-Planetarium, ein Himmelstheater für alle Erdbewohner. Natur 18 (1927) 373–377

– : Das Zeiss Planetarium. Jena: B. Vopelius, 1931

Villiger, W.; Werner, H.: Neues vom Zeiss-Planetarium. Zeiss-Nachrichten Heft 7 (1934) 12–20, Heft 8 (1935) 17–22

Weigel, E.: Pancosmos aethereus et sublinaris, hoc est, nova globi coelestis et terrestris adornatio. Jena: 1670

– : Kurze Beschreibung der verbesserten Himmels- und Erdgloben samt dero nützlichen Gebrauch. Jena: 1681

Weinberg, G. D.; Grace, V. R.: The Antikythera shipwreck reconsidered. Transactions of the American Philosophical Society 55 (1965) 1–48

Werner, H.: Der Werdegang des Zeiss-Planetariums. Die Himmelswelt 55 (1948) 174–176

– : Neue Zusatzeinrichtungen zum Zeiss-Planetarium zur Darstellung des Nautischen Dreiecks und anderer Elemente der Sphärischen Astronomie. Optik 4 (1948) 323–328

– : Die Sterne dürfet ihr verschwenden. Stuttgart: G. Fischer 1953

– : From the Aratos globe to the Zeiss planetarium. Stuttgart: 1957

Wiedemann, E.: Ein Instrument, das die Bewegung von Sonne und Mond darstellt, nach Al-Biruni. Der Islam 4 (1913) 5–13

Zappe, R.: Getriebe zur Realisierung der Keplerbewegung. Der Sternbote 17 (1974) 110–117

Zeiss, C., Firma: Patentschrift Nr. 391036 Kl. 42h Gr. 23, Vorrichtung zum Projizieren von Gestirnen auf eine kugelförmige Projektionswand, 1922

– : Patentschrift WP G 02 B/198 110, Kühn, G., Meier, L.: Anordnung zum spektralen Zerlegen eines Lichtstrahles, 1977

– : Patentschrift WP g 09 B/302 391 6, Reiche, J., Meier, L., Heilemann, W.: Projektorloses Planetarium, 1989

– : Patentschrift DD G 02 B/286 697 2, Kühn, G., Scharf, D., Pudenz, J., Meier, L.: Projektor für Fixsternprojektion, 1990

Zinner, E.: Deutsche und Niederländische astronomische Instrumente des 11.–18. Jahrhunderts. München: C. H. Beck'sche Verlagsbuchhandlung, 1956

– : Die Planetenuhren von Dondi und Regiomontan. Die Uhr 21 (1957) 18–20

Bildquellenverzeichnis

Adler-Planetarium, Chicago: 1.19, 1.22, Titelbild
Archäologisches Museum Athen: 1.2
Bodleian Library, Oxford: 1.28
Deutsches Museum, München: 1.6, 2.1, 2.2, 2.5, 2.11, 3.24, Titelbild Kap. 1 und Kap. 2
Dumas, M., Planetarium Orange/Frankreich: 1.5
Edmonton-Planetarium: 4.6, 4.15
Eise Eisinga's Planetarium, Franeker: 1.23
Frantidmuseet, Borlänge: 2.19
Habersack, G., Planetarium Fulda: 4.5
Hamburger Planetarium: 4.33
Hessisches Landesmuseum, Kassel: 1.10
Heyden-Planetarium, New York: 4.32
Imax-Corporation, Toronto: 2.29, 2.30
Jenaer Planetarium: 4.5, 4.21, 4.30, 4.31, 4.34, Rückseite, Titelbild Kap. 4
Mackensen v., L. Kassel: 1.7, 1.14, 1.17, 1.21
Mucke, H., Planetarium Wien: 2.6
Palais de la Decouverte, Paris: 4.25
Peredery, W. J., Lomonossow-Museum, St. Petersburg: 1.25, 1.26
Rükl, A., Planetarium Prag: 1.11, 2.26
Stadtmuseum, Jena: 1.27
Trainingszentrum des Sternstädtchens bei Moskau: 4.24
Vantaa-Planetarium, Finnland: 2.35
Voigt, A.; Giebler, H., Aufnahme aus dem Berliner Mondatlas: 3.18
Zeitschrift „Astronomia" No. 96 (1990) 16, Milano: 1.3
Zeitschrift „Sky and Telescope", Vol VI, No. 8, 1947: 2.20

Weiteres Bildmaterial aus dem Archiv des Verfassers

Der Verfasser möchte seinen Dank aussprechen der Firma Carl Zeiss Jena GmbH für die freundliche Überlassung von umfangreichem Bildmaterial
ebenso
Herrn Dr. Hartl vom Deutschen Museum in München,
Herrn Prof. Dr. L. v. Mackensen vom Landesmuseum Kassel,
Herrn S. Doodko vom Planetarium in St. Petersburg,
Herrn Dr. Meinel vom Planetarium in Jena,
Herrn J. Hault vom Verkehrsmuseum in Stellarton,
Herrn Prof. Mucke vom Planetarium in Wien,
Herrn A. Rükl vom Planetarium in Prag,
Herrn M. Karpejew, Lomonossow-Museum in St. Petersburg sowie
Frau M. Back vom Frantidmuseet in Borlänge für ihre Unterstützung bei der Beschaffung von Bildmaterial.

Sachwörterverzeichnis

Sonneberger photographischer Himmelsatlas

Veröffentlichung der einzigartigen Dokumentation der jahrzehntelangen photographischen Himmelsüberwachung der Sternwarte Sonneberg

von
Wolfgang Wenzel und Inge Häusele/ Sternwarte Sonneberg

133 Kartenblätter,
7 Koordinatenfolien,
1 Begleitheft (deutsch/ englisch) mit 16 S., und 133 Sternkärtchen
Leinenbezogene Mappe
DM 348,–
ISBN 3-335-00297-0

Der Atlas zeigt auf 133 Kartenblättern im Format 29,7 cm × 42,0 cm den gesamten von mittleren geographischen Nordbreiten aus sichtbaren Sternhimmel. Er entstand auf der Grundlage ausgesuchter Originalaufnahmen der in der internationalen Fachwelt bekannten photographischen Himmelsüberwachung der Sternwarte Sonneberg.
Das Kartenwerk besteht aus Positivbildern, d. h., die Sterne und die anderen leuchtenden Himmelsobjekte erscheinen hell auf dunklem Hintergrund. Somit kann der Atlas nicht nur als Hilfe bei fach- und populärwissenschaftlicher und volksbildnerischer Arbeit, sondern auch als ästhetisch zu wertendes photographisches Werk betrachtet werden. Einzelne Blätter oder ganze Blattreihen können z. B. auch als Wandschmuck in Schulen, Volkshochschulen und Sternwarten verwendet werden.
Beobachter von Veränderlichen Sternen, Kleinen Planeten oder Kometen werden den Atlas ebenso zu Rate ziehen wie professionelle oder Freizeitastronomen zum Vergleich mit den eigenen photographischen Sternaufnahmen.
Die Helligkeit der schwächsten noch abgebildeten Sterne ist in weiten Bereichen des Atlas mindestens die vierzehnte Sterngröße, also über 1 500mal geringer als die Helligkeit der mit bloßem Auge in völliger Dunkelheit und Himmelsklarheit gerade noch erkennbaren Sterne. Durch das gewählte Druckverfahren (3facher Rasterdruck in unterschiedlichen Tonwerten mit über 70 000 Rasterpunkten pro Quadratzentimeter) wird eine weitgehend tonwertgetreue Wiedergabe diffuser Objekte (leuchtende Gaswolken, Spiralnebel) erreicht, vor allem aber eine helligkeitsgemäß richtige Abstufung auch lichtschwacher Sterne. Nur am Bildrand, außerhalb der photographischen Aufnahme sind Koordinaten angedeutet. Die Himmelsaufnahme selbst enthält keine Zahlen, Koordinatenlinien oder andere Zeichen, so daß das Kartenblatt ausnahmslos Himmelsobjekte aufweist.

ZIELGRUPPE

Amateurastronomen, Fachastronomen, Astronomielehrer und Schüler, Volks- und Schulsternwarten, astronomische Arbeitsgemeinschaften, alle an Astronomie Interessierte.

MARKTINFORMATION

Limitierte und numerierte Auflage

JOHANN AMBROSIUS BARTH
LEIPZIG · HEIDELBERG
O-7010 Leipzig · Salomonstr. 18 b